Rudolf Steiner

Die Welt der Bienen

Rudolf Steiner **Die Welt der Bienen**

Ausgewählte Texte

Herausgegeben und kommentiert
von Martin Dettli

RUDOLF STEINER
VERLAG

1. Auflage 2010
3. Auflage 2020

Einbandgestaltung	BADER. Kommunikation
Foto	Michael Bader
Satz	Schulthess Juristische Medien AG, Zürich / Verlag
Druck und Bindung	Druckhaus Nomos, Sinzheim

Printed in Germany
ISBN 978-3-7274-5384-7
www.steinerverlag.com

Inhalt

7 **Einleitung**

13 **Kapitel I: Das Bienenvolk als Organismus**

21 **Kapitel II: Bienenzucht**

45 Kritik an der modernen Bienenzucht

49 **Kapitel III: Wissenschaft**

67 Grundlagen der Wissenschaft

75 **Kapitel IV: Die Wirksamkeit von Honig**

94 Annäherung

97 **Kapitel V: Mensch – Bienenvolk**

129 **Kapitel VI: Ausgleich**

152 Die Herkunft des Bienenvolks

155 **Kapitel VII: Bienen, Wespen und Ameisen**

173 Bienengift

175 Die sozialen Insekten

179 **Kapitel VIII: Insekten und Pflanzen**

203 Elementarwesen

207 **Kapitel IX: Prozesse**

229 Kieselsäureprozess

231 Ameisensäureprozess

Anhang

237 Quellenverzeichnis

238 Nachweise und Anmerkungen

Einleitung

Das Bienenvolk übt seit jeher eine starke Faszination auf den Menschen aus. Bilder und Schriften erzählen von seinem Mythos, von der Beziehung zu diesem Himmelswesen und dem unschätzbaren Wert von Honig und Wachs. Die enge Verbindung mit dem Schicksal des Menschen klingt darin an. Auch heute hat dieser Mythos im Sinne eines zeitlosen Seelenbildes nichts von seiner Kraft eingebüßt, wenngleich die Erklärungen der Zusammenhänge sich geändert haben.

Die Medien haben ihn in den letzten Jahren wiedererweckt. Die Berichte über das Bienensterben wurden durch das vermeintliche Einstein-Zitat dramatisiert: «Wenn die Bienen verschwinden, hat der Mensch nur noch vier Jahre zu leben; keine Bienen mehr, keine Pflanzen, keine Tiere, keine Menschen mehr.» Die Wirkung war frappant. Das Dreigespann von Prophetie, Wissenschaft und Mythos hat das Bienenvolk ins Zentrum des öffentlichen Bewusstseins versetzt. In Politik, Wissenschaft und Kultur werden die Bienenvölker wahrgenommen. Sie haben diese Zuwendung nötig, denn es geht ihnen nicht gut. Das zeigt die Häufigkeit der Meldungen über große Verluste an Bienenvölkern.

Das spezielle Verhältnis von Mensch und Bienen erleben vor allem die Imkerinnen und Imker im Umgang mit dem Bienenvolk, dem «Bien», wie sie es nennen. Schon die Vorbereitungen zur Begegnung haben Ritualcharakter, wie beispielsweise das Anziehen der weißen Kleidung, das Entzünden des Rauches und der Moment, in dem man sich dem Bien zuwendet. Mit einer ruhigen Grundstimmung tauchen sie in seine Atmosphäre ein, sie erleben die Welt der Düfte, die dem Volk entströmen, und das beruhigende Summen. Wesentlich ist auch die Art und Weise, wie man sich bewegt, denn ein ruhiges und bestimmtes Vorgehen spiegelt sich im Volksverhalten wider, und so kann das Risiko eines Bienenstiches vermindert werden. Mit dem Eintauchen in die Welt der Bienen tritt man in eine andere Dimension ein, und nicht selten verliert man dabei das Zeitgefühl. Umso schmerzhafter ist das Erwachen, wenn die Bienenfreunde feststellen müssen, dass der Mangel an Blüten oder Krankheiten und Parasiten die Bienenvölker strapazieren.

Die starke Beziehung zwischen Mensch und Bienenvolk umfasst noch weit mehr. Das Bienenvolk bildet eine Gemeinschaft, die einen auf verschiedenen Ebenen in Erstaunen zu versetzen vermag. Allein schon das Leben aus der Blüte und durch die Blüte berührt den Menschen. Da schafft es ein Tier, aus dieser Farbenpracht und dem Duft zu leben, ohne etwas davon zu zerstören: Im Gegenteil, durch die Bestäubung bewirkt sie gar, dass die Blüte fruchtbar wird. Bienen, Hummeln und Schmetterlinge sind die einzigen Tiere, die sich ernähren, ohne andere Lebewesen zu zerstören oder abzubauen.

Hinzu kommen die erstaunlichen Parallelen in der körperlichen Entwicklung zwischen Bienenvolk und Wirbeltieren bis hin zum Menschen. Der Bienenschwarm bildet seinen Wabenbau als Stützorgan aus sich heraus. Die Waben werden mit körpereigener Substanz aufgebaut, was in etwa dem Knochenbau der Wirbeltiere entspricht. Das Bienenvolk kann seine Körperwärme regeln und behält eine Brutnesttemperatur von 36 Grad bei, wie die Warmblütler. Auch in der Ernährung der Brut aus körpereigenen Drüsensekreten besteht eine Entsprechung zu den Säugetieren. In der Biologie werden diese drei parallelen Entwicklungen als eine zunehmende Unabhängigkeit von unmittelbaren Umwelteinflüssen verstanden. Interessant ist in diesem Zusammenhang, dass das Bienenvolk wie der Mensch es geschafft hat, sich in nahezu alle Klimazonen einzupassen.

Das Bienenvolk zeigt in seiner Organisation verschiedene Parallelen zum Menschen, und dennoch ist es ganz anders. Das ist auch das Fruchtbare an der Auseinandersetzung mit ihm. Aus diesem Anderssein können wir wertvolle Stoffe und Ideen schöpfen; dieses ganz andere kann dem Menschen helfen, auf vielen Gebieten neue Ansätze zu finden – in der Medizin, in der Nahrungsverarbeitung wie auch in der Kommunikation bis hin zur Entscheidungsfindung. Das Bienenvolk gibt Anregungen für die Entwicklung von Arzneien, für technische Lösungen, für Inspirationen im Sozialen, und es schenkt uns Allegorien, die sich eignen, das Wirken der geistigen Welt anschaulich zu machen, zum Beispiel ein ausziehender Bienenschwarm als Gleichnis für das «Ausziehen» der Seele eines Sterbenden.

Das Bienenvolk bildet einen Organismus. Es entwickelt als Ganzes Organe, etwa im Bau der Waben, die als Stützorgan, als Speicherorgan und als Wiege für die Brut dienen. Andere Organfunktionen werden durch gemeinschaftliche Leistungen der Arbeiterinnen erfüllt. Im Dienste des Ganzen werden sie je nach Alter dazu befähigt, gewisse Aufgaben zu übernehmen. Die Arbeitsbienen beispielsweise durchlaufen in ihrem Leben verschiedene Aufgabengebiete: Sie beginnen ihre Tätigkeit zuinnerst im Bienenstock und beenden sie als Sammelbiene draußen in der Welt, an der Peripherie. So besteht ihre erste Aufgabe im Putzen der Zellen am Ort, wo sie geschlüpft sind. Danach pflegen sie die junge Brut in der unmittelbaren Nähe und entwickeln Futtersaftdrüsen für ihren Ammendienst. Später werden diese Drüsen zurückgebildet und die Wachsdrüsen aktiviert, die Ammen verwandeln sich in Baubienen. Den Übergang zum Außendienst vollziehen sie als Wächterinnen am Flugloch, und erst als ältere Bienen fliegen sie in die Landschaft hinaus, um die Blüten zu besuchen und die lebensnotwendigen Rohstoffe wie Nektar, Pollen und Wasser in den Bienenstock zurückzubringen. Im Sommerhalbjahr leben die Bienen kaum mehr als 30 Tage, die Bienenmassen werden so bis auf die Königin innert kurzer Frist komplett erneuert. In der Brutaufzucht geben sie ihr Leben an die jüngere Generation weiter. Nimmt die Brutpflege ab, so werden die Bienen langlebiger. Zwischen Juli und September schlüpfen Winterbienen, die ein Alter von etwa 7 Monaten erreichen können.

Nicht alle Organfunktionen des Bienenvolks werden durch die Arbeiterinnen abgedeckt. Ausgegliedert aus diesem Zusammenwirken ist das Geschlechtsleben; dieses ist die Aufgabe von spezialisierten Bienenwesen. Das einzige fortpflanzungsfähige weibliche Wesen im Stock ist die Königin, und den männlichen Part versehen die Drohnen. Das Schicksal dieser beiden Geschlechtswesen ist sehr verschieden: Die Königin ist als Organ der Einheit von zentraler Bedeutung und lebt mehrere Jahre im Volk; die Drohnen dagegen sind nur etwa zwei Monate lang im Frühsommer in größerer Zahl im Bienenvolk vorhanden.

Die komplexe Organisation der inneren Lebensprozesse im Bien können wir keinem Steuerungsorgan zuordnen. Dasselbe gilt auch für das Verhalten des Volkes im Allgemeinen. Die Reaktionen gegenüber der Umwelt und die notwendigen inneren Entscheidungsprozesse ereignen sich auf einer kommunikativen Ebene ohne bestimmendes Zentralorgan.

Ein Bienenvolk verfügt über ein breites Verhaltensspektrum. Je nach Situation reagiert das eine Volk so, das andere so; dadurch werden ihre Eigenheiten sichtbar. Es sind diese individuellen Ausprägungen, die ein Wiedererkennen ermöglichen, das Bienenvolk wird so zu einem Gegenüber mit eigenem Charakter.

Aus dem Staunen über das Bienenvolk gehen Fragen hervor. Und auf der Suche nach einem Verständnis, das einen anderen Umgang mit ihm ermöglicht, treten wir an die Angaben von Rudolf Steiner heran. In dessen Gesamtwerk finden sich verschiedene Hinweise zu Bienen und Bienenvolk, oft handelt es sich um bildliche Vergleiche. Innerhalb der Vorträge vor den Arbeitern am Goetheanum ist ein Zyklus entstanden, der ganz dem Wesen der Bienen gewidmet ist. Steiner ist damit auf ein Anliegen der Imker unter den Arbeitern eingegangen, die durch ihre Fragen und Schilderungen seine Ausführungen mitgeprägt haben. Sie sind deshalb auch von Inhalt, Aufbau und Wortwahl her nicht mit Texten zu vergleichen, die Rudolf Steiner schriftlich verfasst hat. Möglicherweise ist über die stenografische Mitschrift und deren Übertragung der eine oder andere Fehler in den vorliegenden Text hineingerutscht. In der Vortragsfolge ist jedoch ein Aufbau erkennbar, der hier beibehalten wird. Die Vorträge sind deshalb als Ganzes wiedergegeben, sie bilden das Gerüst des vorliegenden Buchs. Dazwischen werden einige Vortragsthemen aufgegriffen und aus heutiger Sicht kommentiert sowie zu einem besseren Verständnis mit weiteren Passagen aus Steiners Gesamtwerk ergänzt. Die Faszination, die diese Vorträge über das Wesen der Bienen ausüben, liegt nicht zuletzt in ihrer Vielschichtigkeit. Es finden sich darin Anregungen, die schwer einzuordnen sind; gerade dieses Nicht-verstehen-Können hat aber durchaus seinen Reiz, der zu einem tieferen Verständnis anspornt. Andere Inhalte lassen sich intellektuell nachvollziehen. Wieder andere können von ganzem Herzen aufgenommen werden und hinterlassen so einen tiefen Eindruck. Schön aus Sicht des Imkers ist es aber auch festzustellen, dass einige praktische Hinweise und Anstöße die Arbeit mit dem Bienenvolk tatsächlich mitprägen.

So bleibt zu hoffen, dass diese Sammlung als «Handbuch» das Interesse vieler Menschen zu wecken und ihnen zu dienen vermag. Praktische Anleitungen zum Naturbau und zur Jungvolkbildung aus dem Schwarmtrieb sind auf meiner Website www.summ-summ.ch zu finden.

Mein besonderer Dank gilt Johannes Wirz für seine hilfreichen Anregungen und dem verstorbenen Xaver Wirth, der als langjähriger Weggefährte die Suche nach dem Wesen des Biens geprägt hat und mit dem dieses Projekt als gemeinsames begonnen wurde.

Kapitel I: Das Bienenvolk als Organismus

Faszinierend am Bienenvolk sind das gemeinschaftliche Leben und die weisheitsvolle Zusammenarbeit. Die Bienen harmonieren miteinander, es besteht ein intensiver Kontakt und rege Kommunikation unter ihnen. Das Volksleben beruht auf einer fein abgestimmten Organisation. Die Gemeinschaft lebt im Dunkeln, in einem verborgenen Winkel, in einem Baumstamm oder einem Bienenkasten.

Einzeln fliegen die Bienen hinaus ins Licht, suchen Blumen auf oder holen Wasser. Beim Schwärmen dagegen zeigen sie sich miteinander im Licht, sie durchschwirren die Luft, um sich schließlich ruhig in einer Schwarmtraube zu versammeln.

Was ist denn das für eine Erscheinung, ein solches Bienenvolk?

Besteht es aus den einzelnen Bienen, die sich zu einer gemeinschaftlichen Organisation aufschwingen, oder ist es ein Ganzes, von dem die Bienen Teile sind? Die Frage ist nicht einfach zu beantworten. Gerade als Imkerin oder Imker bewegt man sich zwischen beiden Ansichten hin und her.

Wenn man den Bienenkasten öffnet, dann sind es einzelne Tiere, die das Bienenvolk ausmachen. Es sind vor allem die Arbeiterinnen, vielleicht aber trifft man auch eine Königin und einige Drohnen. Sie leben auf Waben, in denen sie ihre Brut pflegen und ihre Vorräte einlagern. Die Waben können wir herausnehmen, alles ist einzeln handhabbar. In unsern Händen zerfällt die Einheit in ihre Teile. Wenn wir von den einzelnen Tieren ausgehen und in unseren Gedanken alles zusammenfügen zu einem Volk, dann kommen wir zum Prinzip der Selbstorganisation. Das ist der Begriff, der aus der wissenschaftlichen Sicht von heute versucht, dem Phänomen auf die Spur zu kommen.

Demnach sind es die vielen einzelnen Bienen, die durch ihre Zusammenarbeit und Kommunikation ein neues Ganzes bilden. Durch das Zusammenwirken entsteht das, was wir als Bienenvolk bezeichnen, mit Qualitäten, die weit über das hinausgehen, was die einzelnen Tiere mitbringen und welches als Ganzes wieder auf die Teile zurückwirkt. Diesem Begriff der Selbstorganisation kann der Ansatz von Rudolf Steiner gegenübergestellt werden.

Das Ganze ist das Bienenvolk; die Bienen, die Königin und die Drohnen sind dienende Teile des Ganzen, in einem ähnlichen Sinne wie die Körperzellen Teile des Menschen sind. Die Einheit ist übergeordnet. Die ganzheitliche Sicht findet ihre Bestätigung am offensichtlichsten in der Schwarmtraube. Der Volkskörper hängt, rund und birnenförmig; im engen Sich-aneinander-Klammern der einzelnen Bienen zeigt er seinen Willen zu einer neuen Einheit. Wenn man diesen Schwarm in einen Bienenkasten einlogiert und ihm die Möglichkeit gibt, seine Waben selber zu bauen, dann wachsen diese als weiße Ansätze, als «Organe», im Innern dieses Körpers. In diesem Moment ist die Einheit in einer berührenden Begegnung erlebbar. Im späteren Umgang mit dem Bienenvolk kann man sich dieser Ganzheit annähern, indem man dem ungestörten Volk zuhört oder das Geschehen am Flugloch beobachtet. Die Einheit lässt sich besser beim verborgenen, unbehelligten Volk im geschlossenen Bienenkasten erfahren.

Die Steuerung von Lebens- und seelischen Prozessen können wir uns bei Mensch und Wirbeltier irgendwo im Körper verborgen denken, und die Sinnesorgane verbinden diese innere Welt mit der Umwelt. Wenn wir mit irgendeinem Tier Kontakt aufnehmen, beobachten wir die Augen, seine Körpersprache, sein Verhalten. Das alles ist beim Bienenvolk nicht in derselben Weise gegeben. Der Ort, von dem die körperliche und seelische Koordination des Volkes ausgeht, lässt sich nicht physisch lokalisieren. Die Einheit ist erlebbar, physisch jedoch nicht greifbar. In der Einzelbiene ist er wohl nicht, also muss er zwischen den Tieren liegen. Das zwingt uns, ein geistiges Band um die Bienen zu ziehen. Da liegt letztlich der Kern der andern Sicht.

Rudolf Steiner hat stets auf diesen Organismus hingewiesen. Das Bienenvolk als Ganzes zu sehen, ist für die Imkerinnen und Imker nicht selbstverständlich, es stellt eine Herausforderung im alltäglichen Umgang dar. Um den Kontakt mit der Einheit zu pflegen, ist es erforderlich, die Aufmerksamkeit immer wieder gezielt darauf auszurichten. Die konsequente Sicht auf den Organismus Bienenvolk hat Folgen für die Praxis. Sie erfordert eine Betriebsweise, die sich dem Leben des Organismus anpasst. Das Bienenvolk wird mit seinen Impulsen in den Mittelpunkt gestellt.

Da ist es denn schon wichtig, auf so etwas wie den Bienenstock zu blicken und zu lernen, dass die einzelne Biene dumm ist. Sie hat Instinkte, aber sie ist dumm; aber der ganze Bienenstock ist außerordentlich weise. Sehen Sie, wir hatten neulich einmal ganz interessante Besprechungen oben unter den Arbeitern, die von mir, wenn regelmäßige Zeiten sind, jede Woche zwei Vorträge bekommen. Wir hatten das Reich der Bienen besprochen, da tauchte die Frage auf, die sehr interessant ist. Der Bienenzüchter kennt ganz gut ihre Bedeutung. Wenn ein beim Bienenvolk beliebter Bienenvater da ist und er krank wird oder stirbt, dann kommt tatsächlich das ganze Bienenvolk in Unordnung. Es ist so. Nun sagte einer, der nun so recht im Sinne der gegenwärtigen Anschauung dachte: Aber die Biene sieht ja nicht so genau, sie hat gar keine Vorstellung vom Bienenzüchter, vom Bienenvater, wie soll da irgendwie eine Zusammengehörigkeitsempfindung entstehen? Aber noch viel mehr. Nehmen wir an, der Bienenvater versorgt dieses Jahr den Bienenstock, im andern Jahr ist ein ganz anderes Bienenvolk darinnen, es ist ganz ausgetauscht bis auf die Bienenkönigin, es sind lauter junge Bienen drinnen. Wo soll da die Zusammengehörigkeitsempfindung entstehen? – Ich antwortete Folgendes: Derjenige, der den menschlichen Organismus kennt, weiß, dass in gewissen Perioden der menschliche Organismus alle seine Stoffe austauscht. Nehmen wir an, irgend jemand lernte heute einen Menschen kennen, der nach Amerika geht und nach zehn Jahren zurückkommt. Er findet einen ganz andern Menschen vor, als der war, den er vor zehn Jahren gekannt hat. Er findet alle Stoffe ausgetauscht, er findet eine ganz andere Zusammenfügung vor. Da liegt nichts anderes vor als beim Bienenstock, wo die Bienen ausgetauscht sind, aber es bleibt die Zusammengehörigkeit zwischen dem Bienenstock und dem Bienenvater. Diese Zusammengehörigkeit beruht darauf, dass im Bienenstock eine ungeheure Weisheit lebt, er ist nicht nur dieses Häuflein einzelner Bienen, sondern der Bienenstock hat wirklich eine konkrete eigene Seele.

Das ist dasjenige, was man wiederum in seinen Natursinn aufnehmen muss, diese Anschauung, dass der Bienenstock eine Seele hat.

Aber wiederum lebt der Bienenstock ein ganz merkwürdiges, eigentümliches Leben. Worauf beruht denn das?

Sehen Sie, das können Sie überhaupt nicht erklären, wenn Sie nicht die Möglichkeit haben, ins Geistige hineinzuschauen. Das Leben im Bienenstock ist außerordentlich weise eingerichtet. Das wird jeder sagen, der das Bienenleben betrachtet hat. Dass die Bienen eine solche Wissenschaft haben, wie die Menschen sie haben, das wird man ja natürlich nicht sagen können, denn sie haben ja wirklich einen Gehirnapparat wie der Mensch und das alles nicht. Also, den allgemeinen Weltenverstand können sie in dieser Weise nicht hereinschöpfen in ihren Körper. Aber die Einflüsse aus der ganzen Weltumgebung, die wirken ungeheuer stark auf den Bienenstock. Und man würde richtig darauf kommen können, wie eigentlich das Bienenleben ist, wenn man berücksichtigen würde, dass alles das, was in der Umgebung der Erde liegt, gerade auf so etwas, wie es im Bienenstock ist, einen ungeheuer starken Einfluss hat. Das Leben des Bienenstocks beruht ja darauf, dass die Bienen so ganz richtig, viel mehr als die Ameisen und die Wespen, zusammenwirken, dass sie alle Arbeit so verrichten, dass das alles zusammenstimmt. Und wenn man dann darauf kommen will, wovon das herrührt, dann sagt man sich: Die Bienen haben ein Leben, worin unterdrückt wird, außerordentlich stark unterdrückt wird dasjenige, was bei den übrigen Tieren im Geschlechtsleben sich äußert. Das wird bei den Bienen außerordentlich stark zurückgedrängt.

Denn sehen Sie, bei den Bienen ist es eigentlich immer so, dass die Fortpflanzung nur besorgt wird durch ganz wenige auserlesene weibliche Individuen, die Bienenköniginnen. Die anderen sind eigentlich so, dass bei ihnen das Geschlechtsleben mehr oder weniger zurückgedrängt wird. Im Geschlechtsleben aber ist dasjenige vorhanden, was eben Liebesleben ist. Das Liebesleben ist ja zunächst etwas Seelisches. Nur dadurch, dass gewisse Organe des Körpers bearbeitet werden von diesem Seelischen, dadurch werden diese Organe zur Offenbarung, zum Ausdrucke des Liebeslebens. Und indem bei den Bienen das Liebesleben zurückgedrängt wird, eigentlich nur auf die einzige Bienenkönigin, wird das Geschlechtsleben sonst im Bienenstock verwandelt zu all diesem Treiben, das die Bienen untereinander entwickeln. Daher haben schon jene älteren, weiseren Menschen, die eben auf ganz andere Art die Sache gewusst haben, als man sie heute weiß, diese weiseren Menschen haben das ganze wunderbare Treiben des Bienenstocks auf das Liebesleben zurückgewiesen, auf das Leben, das sie mit dem Planeten Venus in Zusammenhang gebracht haben.

Und so können wir sagen: Wenn man auf der einen Seite die Wespen oder die Ameisen beschreibt, dann sind das Tiere, die sich mehr dem Einfluss des Planeten Venus entziehen. Die Bienen hingegen sind ganz hingegeben dem Einfluss des Planeten Venus, entwickeln das Liebesleben in ihrem ganzen Bienenstock. Das wird ein weises Leben, denn Sie können sich ja denken, wie weise das sein muss. Ich habe Ihnen Verschiedenes von der Erzeugung der Nachkommenschaft beschrieben. Da ist unbewusste Weisheit drinnen. Diese unbewusste Weisheit entwickeln die Bienen in ihrem äußeren Tun. Und so kann man gerade dasjenige, was eigentlich nur dann in uns dargelebt wird, wenn unser Herz Liebe entwickelt, eigentlich im ganzen Bienenstock drinnen wie eine Substanz haben. Der ganze Bienenstock ist eigentlich von Liebesleben durchzogen. Die einzelnen Bienen verzichten so vielfach auf die Liebe und entwickeln die Liebe im ganzen Bienenstock. So dass man anfängt, das Bienenleben zu verstehen, wenn man sich klar darüber ist, dass die Biene wie in einer Luft lebt, die ganz von Liebe durchschwängert ist.

Nun aber, das kommt ja gerade der Biene am allermeisten zugute, dass sie eigentlich von denjenigen Bestandteilen in den Pflanzen lebt, die wiederum bei der Pflanze ganz vom Liebesleben durchzogen sind. Die Biene saugt ihre Nahrung, die sie dann zu Honig macht, ja ganz aus denjenigen Bestandteilen der Pflanzen, die im Liebesleben drinnen stehen, bringt also gewissermaßen das Liebesleben von den Blumen in den Bienenstock hinein.

So muss man sagen, dass man das Bienenleben auf seelische Art studieren muss.

Das braucht man viel weniger bei den Ameisen und Wespen. Wenn man da das Leben verfolgt, wird man sehen, dass sie sich eigentlich dem Geschilderten entziehen, dass sie sich schon wiederum mehr dem Geschlechtsleben hingeben. Die Biene ist tatsächlich, mit Ausnahme der Bienenkönigin, eigentlich dasjenige Wesen, das, ich möchte sagen, sich sagt: Wir wollen auf das einzelne Geschlechtsleben verzichten und uns selber zu einem Träger des Liebeslebens machen. – So dass sie in der Tat in den Bienenstock dasjenige hineingetragen haben, was auf den Blumen lebt. Und wenn Sie anfangen, das so richtig durchzudenken, so haben Sie das ganze Geheimnis des Bienenstockes. Das Leben dieser sprossenden, sprießenden Liebe, das in den Blumen ausgebreitet ist, das ist dann auch im Honig drinnen.

Die ursprüngliche Behausung, in der in Mitteleuropa die Bienen gehalten wurden, war ein runder Korb, teils auch die sogenannte Klotzbeute, ein Stück ausgehöhlter Baumstamm (mit Beute wird in der Imkersprache der Bienenkasten bezeichnet). Mit dieser unteilbaren Einheit wurde geimkert. Eine wichtige Arbeit der Imkerei bestand darin, die Schwärme einzufangen und sie neu einzulogieren. Das Bienenvolk baute dann seine Waben direkt an das Korbdach, ein solcher Wabenbau ist unbeweglich und wird als Stabilbau bezeichnet. Bei der Honigernte wurde der Korb umgestülpt und ein Teil der Waben herausgeschnitten. Oft geschah dies erst nach der Überwinterung, wenn das Überleben des Volkes gesichert war. Die Bienenkörbe wurden zumeist an der Außenwand des Wohnhauses aufgestellt, Mensch und Bienen lebten eng beieinander.

In der Mitte des 19. Jahrhunderts brach in der Imkerei eine neue Zeit an. Der bewegliche Rahmen wurde erfunden, der Wabenbau darin ermöglichte eine mobile Handhabung. Nun konnte man auch das Geschehen im Bienenvolk beobachten, das Wissen um die biologischen Zusammenhänge im Bien nahm zu. In der zweiten Hälfte des 19. Jahrhunderts kamen nach dem mobilen Wabenbau in dichter Folge Wachsplatten mit eingepresstem Wabenmuster (die Mittelwand), die Honigschleuder und die künstliche Königinnenzucht auf. Das sind alles Erfindungen, die bis heute die Imkerei prägen; im 20. Jahrhundert kamen nur wenige neue Entwicklungen hinzu.

Der Mobilbau ermöglicht eine andere Imkerei. Der rechteckige Wabenrahmen wird in einer Kiste oder einem Kasten platziert. Waben können so einzeln bewegt und herausgenommen werden. Dadurch und dank der Erfindung der Honigschleuder gelang es fortan, den Honig wachsfrei und ohne Zerstörung der Waben zu ernten. Eine Reihe von Manipulationen wurde möglich: Mit Honig gefüllte Futterwaben können von einem Volk zum andern verschoben, Brutwaben entnommen werden, um andere Völker zu verstärken oder um Ableger zu bilden, man kann aber auch ganze Völker in mehrere neue aufteilen.

Die Mittelwand ist eine vorgeprägte Wachsplatte, die den Bienen den Wabenbau erleichtern soll, weil sie so weniger Wachs produzieren müssen. Dabei werden sie jedoch gezwungen, den vorgeprägten Arbeiterinnenbau mit exakt vorgegebenen Zellengrößen zu errichten. Die Drohnenaufzucht, die den Bau größerer Zellen erfordert, wird auf eine einzige Wabe reduziert und wird auf diese Weise kontrolliert und eingeschränkt.

Die künstliche Königinnenzucht wurde Ende des 19. Jahrhunderts in Amerika erfunden, um der großen Nachfrage nach der Italienischen Biene auf dem neuen Kontinent zu entsprechen. Dafür werden normale Larven aus der Arbeiterinnenbrut in einem frühen Stadium in künstlich hergestellte Königinnenzellen umgebettet und einem Volk, dem die Königin entnommen oder das ohne sie gebildet wurde, zugehängt. Auf diese Weise können solche Völker dazu gezwungen werden, neue Königinnen nachzuziehen. Die Vermehrung von ausgewählten Bienenherkünften wird erleichtert. Die geschlüpften Königinnen werden in kleinen künstlichen Volkseinheiten zur Begattung eingeschleust und sind ein beliebtes Handelsgut. Sie können zusammen mit irgendwelchen Bienen ein neues Volk bilden oder als Ersatz für eine alte Königin in ein Volk eingebracht werden.

Das gehört heutzutage alles zum imkerlichen Standard. Anstelle einer am lebenden Organismus orientierten Anschauung, herrscht eine stark mechanisch geprägte Sicht, die den Umgang mit den Bienen entsprechend prägt. Alles ist austauschbar, das ursprüngliche Ganze kann beliebig in Teile zerlegt und neu zusammengefügt werden, egal ob Honigwaben oder Brutwaben, Bienen oder Königinnen. Die analytische Sichtweise spiegelt sich auch im Handwerk. Der Umgang mit dem Bienenvolk erinnert an die Arbeit in einer Autowerkstatt. Ziel ist die Funktionalität. Gepflegt wird weniger der Organismus als vielmehr die Leistungsfähigkeit des Bienenvolkes.

Die folgenden Ausführungen Rudolf Steiners schließen an einen Vortrag des Imkers Müller an, der am 10. November 1923 über den Stand der damaligen Bienenzucht gesprochen hat:

Die Sache ist diese – und ich werde das nächste Mal davon weiter sprechen –, dass man die Honigerzeugung, die ganze Arbeit, sogar die Arbeitsfähigkeit der Arbeitsbienen ungeheuer vermehren kann durch die künstliche Bienenzucht. Nur, das hat ja schon Herr Müller jetzt bemerkt, darf die Sache nicht zu stark rationell und nicht zu stark geschäftsmäßig gemacht werden. Wir werden dann das nächste Mal ein bisschen tiefer hineinschauen in die Bienenzucht und sehen, dass das, was kurze Zeit eine außerordentlich günstige Maßregel ist, was heute zugrunde liegt, gut erscheinen kann, dass aber in hundert Jahren die ganze Bienenzucht aufhören würde, wenn man nur künstlich gezüchtete Bienen verwenden würde. Wir wollen einmal sehen, wie das, was für eine kurze Zeit etwas außerordentlich Günstiges ist, sich so gestalten kann, dass es im Laufe der Zeit dazu führt, dass die ganze Geschichte wieder abgetötet wird. Und wir wollen sehen, wie gerade die Bienenzucht außerordentlich interessant ist, um die ganzen Geheimnisse der Natur kennenzulernen, und namentlich wie das, was sich auf der einen Seite ungeheuer fruchtbar erweist, auf der anderen Seite eben zur Abtötung führt.

So können sich die Bienenzüchter zwar außerordentlich freuen über den Aufschwung, den seit kurzer Zeit die Bienenzucht genommen hat; aber diese Freude, die wird keine hundert Jahre halten.

Ich habe vorgehabt, zu den Ausführungen von Herrn Müller einige Bemerkungen zu machen, die Ihnen vielleicht doch interessant sein können, obwohl heute natürlich in der Gegenwart nicht die Zeit dazu ist, solche Dinge schon wirklich anzuwenden in der praktischen Bienenzucht. Es ist ja auch über das Praktische der Bienenzucht sehr wenig noch zu sagen oder gar nichts eigentlich, da Herr Müller ja alles so, wie man es eben heute macht, durchaus in einer sehr schönen Weise vor Ihnen ausgeführt hat.

Es ist Ihnen aber an diesem, ich möchte sagen, Rätselwelt-Sein, wenn Sie aufmerksam zugehört haben, in Bezug auf die ganze Natur der Bienenzucht etwas aufgegangen. Der Bienenzüchter, das ist ja selbstverständlich, interessiert sich zunächst für dasjenige, was er zu tun hat. Für die Bienenzucht muss eigentlich jeder Mensch das allergrößte Interesse haben, weil von der Bienenzucht wirklich mehr, als man denkt, im menschlichen Leben abhängt.

Betrachten wir die Sache einmal in einem etwas weiteren Umfange. Sehen Sie, die Bienen sind imstande – das haben Sie ja aus den Vorträgen, die Ihnen von Herrn Müller gehalten worden sind, gesehen –, dasjenige zu sammeln, was in den Pflanzen eigentlich schon als der Honig enthalten ist. Sie sammeln ja eigentlich bloß den Honig, und wir Menschen nehmen ihnen dann von dem, was sie in ihrem Bienenstocke sammeln, nur einen Teil weg, nicht einmal einen so sehr großen Teil. Denn man kann vielleicht sagen, dass dasjenige, was der Mensch wegnimmt, etwa 20 Prozent beträgt. So viel ungefähr beträgt dasjenige, was der Mensch den Bienen wegnimmt. Außerdem aber kann die Biene durch ihre ganze Körperlichkeit, durch ihre ganze Organisation den Pflanzen auch noch Blütenstaub wegnehmen. So dass also die Biene gerade dasjenige von den Pflanzen sammelt, was eigentlich sehr wenig in ihnen enthalten ist und was sehr schwer zu haben ist. Blütenstaub wird ja in der winzigen Menge, in der er im Verhältnis vorhanden ist, von den Bienen gesammelt durch die Bürstchen, die sie an ihren Hinterbeinen haben, und wird ja auch aufgespeichert beziehungsweise verzehrt im Bienenstock. So dass wir also in der Biene zunächst dasjenige Tier haben, das außerordentlich fein von der Natur zubereiteten Stoff aufsaugt und für seinen eigenen Haushalt gebraucht.

Dann aber weiter: Nachdem die Biene – und das ist vielleicht das zunächst wenigst Auffällige, weil gar nicht darüber nachgedacht wird – erst ihre Nahrung durch ihren eigenen Verdauungsapparat umgewandelt hat in Wachs – das erzeugt sie ja durch sich selber, das Wachs –, macht sie, um Eier abzulegen, aber auch um ihre Vorräte aufzubewahren, ein eigenes kleines Gefäß. Und dieses eigene kleine Gefäß, das ist eine große Merkwürdigkeit, möchte ich sagen. Dieses Gefäß schaut ja so aus, dass es von oben angesehen sechseckig ist, von der Seite angesehen also so [siehe Zeichnung], und auf der einen Seite ist es ja so abgeschlossen. Dahinein können die Eier gelegt werden oder auch die Vorräte. Da ist eines an dem anderen. Die Dinge passen sehr gut zusammen, so dass bei den Bienenwaben durch diese Platte, mit der eine solche Zelle – so nennt man das – an die andere gefügt ist, der Raum außerordentlich gut ausgenützt ist.

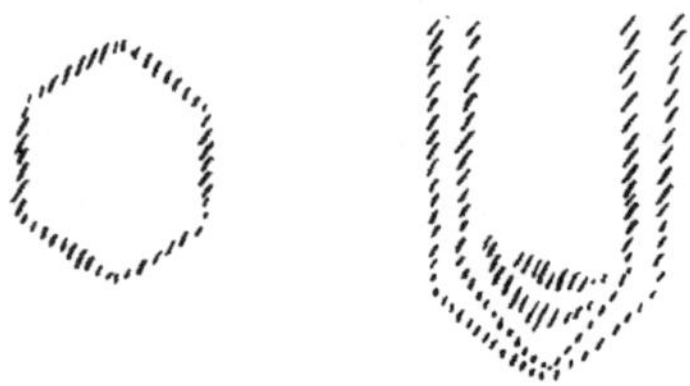

Wenn man die Frage aufwirft: Wie kommt es, dass die Biene aus ihrem Instinkt heraus just eine so künstlich geformte Zelle baut? – so sagen die Leute gewöhnlich: Das ist, damit der Raum gut ausgenützt wird. – Das ist ja auch wahr. Wenn Sie sich irgendeine andere Form der Zelle denken würden, so würde immer ein Zwischenraum entstehen. Bei dieser Form entsteht kein Zwischenraum, sondern alles legt sich aneinander, so dass der Raum dieser Wabenplatte ganz ausgenützt ist.

Nun, das ist ganz gewiss ein Grund. Aber es ist nicht der einzige Grund, sondern Sie müssen bedenken: Wenn da die kleine Made, die Larve drinnen liegt, so ist sie ganz abgeschlossen, und man soll nur ja nicht glauben, dass dasjenige, was in der Natur irgendwo vorhanden ist, keine Kräfte hat. Dieses ganze sechseckige Gehäuse, sechsflächige Gehäuse hat ja Kräfte in sich, und es wäre etwas ganz anderes, wenn die Larve in einer Kugel drinnen liegen würde. Dass sie in einer solchen sechsflächigen Häuslichkeit drinnen liegt, das bedeutet in der Natur etwas ganz anderes. Die Larve selber bekommt in sich diese Formen, und in ihrem Körper, da spürt sie, dass sie in ihrer Jugend, wo sie am meisten weich war, in einer solchen sechseckigen Zelle drinnen war. Und aus derselben Kraft, die sie da aufsaugt, baut sie dann selber eine solche Zelle. Da drinnen liegen die Kräfte, aus denen heraus die Biene überhaupt arbeitet. Also, das liegt in der Umgebung, was die Biene äußerlich macht. Das ist schon das Erste, auf was wir aufmerksam sein müssen.

Nun aber ist Ihnen ja ausgeführt worden die weitere sehr, sehr merkwürdige Tatsache: In dem ganzen Bienenstock finden sich ja verschiedenartige Zellen. Ich glaube, ein Bienenzüchter kann sehr gut Arbeitsbienenzellen und Drohnenzellen voneinander unterscheiden. Nicht wahr, das ist ja nicht besonders schwer. Und noch leichter kann er die Zellen der Arbeiterinnen und der Drohnen von den Königinnenzellen unterscheiden, denn die Königinnenzellen haben ja gar nicht diese Form; die sind eigentlich so wie ein Sack. Es finden sich auch sehr wenige in einem Bienenstock. So dass man also sagen muss: Die Arbeiterinnen und die Drohnen – also, die Männchen, das sind die Drohnen –, die entwickeln sich in solchen sechsflächigen Zellen, die Königin entwickelt sich aber eigentlich in einem Sack. Die nimmt keine Rücksicht auf dasjenige, was solch eine flächige Umgebung ist.

Dazu kommt aber noch etwas anderes. Sehen Sie, die Königin braucht zu ihrer vollen Entwicklung, bis sie ganz fertig ist, eine ausgewachsene Königin ist, nur 16 Tage. Dann ist sie schon eine ausgewachsene Königin. Eine Arbeiterin, die braucht ungefähr 21 Tage, also länger. Man könnte also sagen: Die Natur verwendet viel mehr Sorgfalt auf die Ausgestaltung der Arbeiterinnen als der Königinnen. Wir werden nachher gleich sehen, dass dazu noch ein anderer Grund kommt. Also, die Arbeiterin, die braucht 21 Tage. Und die Drohne, das Männchen, die am frühesten abgenützt wird – die Männchen werden, nachdem sie ihre Aufgabe erfüllt haben, getötet –, die braucht sogar 23 bis 24 Tage.

Sehen Sie, das ist wiederum eine neue Sache. Die verschiedenen Bienenarten, Königin, Arbeitsbiene, Drohne, brauchen eine verschiedene Anzahl von Tagen.

Nun, sehen Sie, mit diesen 21 Tagen, die die Arbeitsbiene braucht, hat es nämlich eine ganz besondere Bewandtnis. 21 Tage sind keine gleichgültige Zeit in allem, was auf der Erde geschieht. Diese 21 Tage, das ist diejenige Zeit, in der sich die Sonne ungefähr einmal um sich selber herum dreht.

Denken Sie sich also, die Arbeitsbiene wird gerade just fertig in der Zeit, in der sich die Sonne einmal um sich selber herumgedreht hat. Dadurch macht die Arbeitsbiene eine ganze Umdrehung der Sonne durch, kommt also dadurch, dass sie eine ganze Umdrehung der Sonne durchgemacht hat, in all das hinein, was die Sonne an ihr bewirken kann. Und wenn sie nun weitergehen wollte, so würde sie von der Sonne aus nur immer auf dasselbe treffen. Denn wenn Sie sich da die Arbeitsbiene vorstellen, da die Sonne, wenn das Ei gelegt wird, so ist dieses der Punkt, der gerade der Sonne gegenüberliegt. Die Sonne dreht sich in 21 Tagen einmal um sich selber herum. Da kommt sie wieder da her, da ist der Punkt wieder da. Wenn es jetzt weitergeht, kommt lauter Wirkung von der Sonne, die schon einmal da war. So dass die Arbeitsbiene just alles dasjenige bis zu ihrer vollen Entwicklung genießt, was die Sonne leisten kann. Würde sich nun die Arbeitsbiene weiter entwickeln, dann würde sie aus der Sonne heraus in die Erdenentwicklung hereinkommen, würde nicht mehr Sonnenentwicklung haben, weil sie die schon gehabt hat, ganz ausgekostet hat. Jetzt kommt sie in die Erdenentwicklung herein. Die macht sie aber als fertiges Insekt nur mit, als ganz fertiges Tier. Also, sie nimmt gerade noch, ich möchte sagen, einen Moment, einen Augenblick für sich in Anspruch, und nachher ist sie abgeschlossen nach der Sonnenentwicklung und ist ganz Sonnentier, die Arbeitsbiene.

Betrachten Sie jetzt die Drohne. Die, möchte ich sagen, überlegt sich die Geschichte noch ein Stückel weiter. Die erklärt sich noch nicht für abgeschlossen nach 21 Tagen. Die begibt sich, bevor sie ausgewachsen ist, noch in die Erdenentwicklung hinein. So dass also die Drohne ein Erdentier ist. Die Arbeitsbiene ist das fertige Sonnenkind.

Und wie ist es mit der Königin? Die Königin macht überhaupt die ganze Sonnenentwicklung nicht einmal fertig. Die bleibt zurück. Die bleibt immer Sonnentier. Also, die Königin, die bleibt gewissermaßen immer ihrem Larvenzustand, ihrem Madenzustand näher als die anderen Tiere. Und am weitesten entfernt vom Madenzustand ist die Drohne, das Männchen. Die Königin ist dadurch, [dass sie dem Madenzustand näher bleibt,] imstande, ihre Eier abzulegen. Und Sie können an der Biene richtig sehen, was das bedeutet, unter Erdeinfluss sein oder unter Sonneneinfluss sein. Denn ob eine Biene Königin oder Arbeitsbiene oder Drohne wird, das hängt bloß davon ab, ob sie abwartet einmal eine Sonnenentwicklung oder ob sie das nicht abwartet. Die Königin kann dadurch Eier legen, dass ihr die Sonnenwirkung immer bleibt, dass sie gar nichts von der Erdenentwicklung aufnimmt. Die Arbeitsbiene, die geht weiter, die entwickelt sich 4 bis 5 Tage weiter. Die kostet die Sonne noch ganz aus. Aber da geht sie, indem gerade ihr Körper fest genug wird, auch schon wiederum in die Erdenentwicklung ein bisschen, sagte ich, einen Augenblick über. Sie kann deshalb nicht wiederum in die Sonnenentwicklung zurück, weil sie sich ganz absorbiert hat. Dadurch kann sie keine Eier legen.

Die Drohnen sind Männchen; die können befruchten. Die Befruchtung, die kommt also von der Erde. Die Befruchtung[skräfte] erwerben sich die Drohnen durch die paar Tage, die sie noch länger im Entwicklungszustande, nicht im fertigen Zustand, der Erdenentwicklung [hingegeben] sind. So dass man sagen kann: An den Bienen sieht man ganz klar, Befruchtung, männliche Befruchtung kommt von den Erdenkräften; weibliche Fähigkeit, Eier zu entwickeln, kommt von den Sonnenkräften.

Sehen Sie, da können Sie einfach ermessen daran, was die Länge der Zeit bedeutet, in der sich ein Wesen entwickelt. Das ist von ganz großer Bedeutung, weil natürlich während irgendeiner Zeit etwas vor sich geht, was in einer anderen Zeit, kürzeren oder längeren Zeit, nicht vor sich geht, sondern da geht etwas anderes vor sich.

Aber es kommt noch etwas in Betracht. Sehen Sie, die Königin, die entwickelt sich also in 16 Tagen. Da ist der Punkt, der ihr gegenübergestanden hat in der Sonne, vielleicht erst da; sie bleibt in der Sonnenentwicklung drinnen. Die Arbeiterinnen machen auch noch den Rest des Sonnenumlaufes mit, aber sie bleiben in der Sonnenwirkung drinnen, sie gehen nicht heraus bis zu der Erdenentwicklung. Dadurch fühlen sie sich verwandt mit der Königin. Weil sie zur selben Sonnenentwicklung gehören, fühlt sich der ganze Arbeiterinnenschwarm verwandt mit der Königin. Sie fühlen sich an die Königin gebunden. Die Drohnen, sagen sie, die sind schon Verräter; die sind schon zur Erde abgefallen. Die gehören nicht mehr eigentlich zu uns. Die dulden wir nur, weil wir sie brauchen. Und wozu braucht man sie?

Es kommt ja zuweilen vor, dass eine Königin nicht befruchtet wird und sie legt doch entwicklungsfähige Eier. Die Königin braucht nicht unbedingt befruchtet zu werden, sie legt doch Eier. Das nennt man bei den Bienen – bei den anderen Insekten kommt es auch zum Teil vor – eine Jungfernbrut, weil die Königin nicht befruchtet ist. Parthenogenesis nennt man es mit einem wissenschaftlichen Namen. Aber aus den Eiern, die jetzt gelegt werden, schlüpfen nur Drohnen aus! Da kommen keine Arbeitsbienen und keine Königinnen mehr heraus. Also, wenn die Königin nicht befruchtet wird, dann können keine Arbeitsbienen und keine Königinnen mehr erzeugt werden, sondern nur Drohnen. Allein ein solcher Bienenstock ist natürlich nicht zu gebrauchen.

Sie sehen also, bei der Jungfernbrut entsteht nur das andere Geschlecht, nie dasselbe Geschlecht. Das ist eine sehr interessante Tatsache, und es ist überhaupt wichtig für den ganzen Haushalt der Natur, dass die Befruchtung notwendig ist, damit dasselbe Geschlecht entsteht – bei den niederen Tieren natürlich, nicht bei den höheren. Aber da ist es eben doch so, dass bei den Bieneneiern nur Drohnen entstehen, wenn keine Befruchtung eintritt.

Die Befruchtung ist überhaupt etwas ganz Besonderes bei den Bienen. Da geht das nicht so vor sich, dass eine Art von Hochzeitsbett vorhanden wäre und man sich zurückzöge während der Befruchtung, sondern das geht ganz anders vor sich. Da wird gerade mit der Befruchtung in die Öffentlichkeit gegangen, in die vollste Sonne, und zwar, was sehr merkwürdig erscheint, zunächst so hoch als möglich. Die Königin fliegt so hoch als möglich der Sonne entgegen, zu der sie gehört. Ich habe Ihnen das geschildert. Und die Drohne, die noch überwinden kann ihre Erdenkräfte – denn die Drohnen haben sich mit den Erdenkräften vereinigt –, die noch am höchsten fliegen kann, die kann ganz oben in der Luft befruchten. Dann kommt die Königin wieder zurück und legt ihre Eier. Also, Sie sehen, die Bienen haben kein Hochzeitsbett, sie haben einen Hochzeitsflug, und streben gerade, wenn sie die Befruchtung haben wollen, möglichst der Sonne entgegen. Es ist ja auch wohl so, dass man gutes Wetter braucht zum Hochzeitsflug, also die Sonne wirklich braucht, denn bei schlechtem Wetter geht das ja nicht vor sich.

Alles das zeigt Ihnen, wie verwandt die Königin mit der Sonne bleibt. Und wenn nun auf diese Weise die Befruchtung eintritt, dann werden Arbeiterinnen in den entsprechenden Arbeiterinnenzellen erzeugt; zunächst – wie Ihnen ja gut beschrieben worden ist durch Herrn Müller – entstehen die kleinen Maden und so weiter, und die entwickeln sich dann in 21 Tagen zu Arbeiterinnen. In diesen sackförmigen Zellen entwickelt sich dann eine Königin.

Um nun das Weitere einzusehen, muss ich Ihnen etwas sagen, was Sie ja natürlich zunächst etwas zweifelhaft aufnehmen werden, weil man dazu eben ein genaueres Studium braucht. Aber es ist doch so. Das Weitere nämlich muss ich daran anknüpfen, dass ja nun die Arbeitsbiene, wenn sie reif geworden ist, fertig geworden ist, ausfliegt und an die Blumen, an die Bäume heran fliegt, mit ihren Fußkrallen sich ansetzen kann, und dann kann sie Honig aufsaugen und Blütenstaub sammeln. Den Blütenstaub, den trägt sie auf dem Körper, wo sie ihn absetzt. Das ist eine besondere Vorrichtung, die sogenannten Bürstchen an den Hinterbeinen, wo sie ihn absetzen kann. Aber den Honig saugt sie ein mit ihrem Saugrüssel. Ein Teil davon dient ihr zur eigenen Nahrung, aber den größten Teil behält sie in ihrem Honigmagen. Den speit sie wiederum aus, wenn sie zurückkommt. Also, wenn wir Honig essen, dann essen wir ja in Wirklichkeit das Bienengespeie. Dessen müssen wir uns ja wirklich klar sein. Aber es ist ein sehr reinliches und süßes Gespei, was sonst das Gespei nicht ist, nicht wahr. Also, sehen Sie, da sammelt die Biene dasjenige, was sie zum Fressen oder zu den Vorräten, zum Verarbeiten, zum Wachs und so weiter braucht.

Jetzt müssen wir uns fragen: Wodurch findet sich denn die Biene zu der Blume hin? – Sie geht mit einer ungeheuren Sicherheit an die Blume heran. Das kann man sich gar nicht erklären, wenn man auf die Augen der Biene sieht. Die Biene, die Arbeitsbiene – die Drohnen haben etwas größere Augen – hat zwei kleine Augen an den Seiten und drei ganz winzige Augen an der Stirn. Die Drohnen haben etwas größere Augen. Wenn man diese Augen bei der Arbeitsbiene prüft, dann kommt man darauf, dass sie sehr wenig sehen können, und die drei kleinen, winzigen Augen können zunächst überhaupt nichts sehen. Das ist das Merkwürdige, dass die Biene eigentlich nicht durch das Sehen an die Blume hinkommt, sondern durch etwas dem Geruch Ähnliches. Sie tastet sich nach dem Geruch fort und trifft dadurch auf die Blume auf. So dass eigentlich eine gewisse Empfindung, die so zwischen Geruch und Geschmack drinnen steht, die Biene zu der Blume hinführt. Die Biene schmeckt eigentlich schon Blütenstaub und Honig, wenn sie hinfliegt. Schon von der Ferne schmeckt sie es. Das ist dasjenige, was die Biene eigentlich dazu bewegt, die Augen gar nicht zu gebrauchen.

Jetzt stellen Sie sich recht klar einmal Folgendes vor. Denken Sie sich also, eine Königin ist geboren worden, ist im Bereich der Sonne geboren worden, hat dann die Sonnenwirkung nicht ganz ausgekostet, sondern ist gewissermaßen bei der Sonnenwirkung geblieben. Ein ganzes Arbeitsbienenheer hat zwar die Sonnenwirkung noch weiter mitgemacht, aber ist nicht zur Erdenentwicklung übergegangen. Jetzt fühlen sich diese Arbeitsbienen mit der Königin verbunden; nicht deshalb, weil sie etwa unter derselben Sonne waren, sondern weil sie überhaupt in der Sonnenentwicklung drinnen geblieben sind, fühlen sie sich mit ihr verbunden. Sie haben sich in ihrer Entwicklung nicht von der Entwicklung der Königin getrennt. Die Drohnen, die gehören nicht dazu. Die haben sich getrennt.

Aber nun tritt Folgendes ein. Wenn eine neue Königin entsteht, muss der Hochzeitsflug stattgefunden haben. Das Tier, die Königin, ist in die Sonne herausgekommen. Eine neue Königin ist entstanden. Da tritt für die ganze Menge der Arbeitsbienen, die sich mit der alten Königin verbunden fühlen, etwas sehr Eigentümliches ein. Die kleinen, winzigen Augen werden sehend, wenn eine neue Königin geboren wird. Das können die Bienen nicht ertragen. Sie können nicht ertragen, dass dasselbe, was sie sind, von anderswo herkommt. Die drei kleinen Augen am Kopf, diese drei kleinen winzigen Augen, die sind bei den Arbeitsbienen ganz von innen heraus gebildet, sind von dem inneren Bienenblut und so weiter durchzogen. Sie sind nicht der äußeren Sonnenwirkung ausgesetzt gewesen. Dadurch, dass nun die neue Königin, die aus der Sonne heraus geboren ist, Sonnenlicht in den Bienenstock hineinbringt mit ihrem eigenen Körper, werden diese Bienen mit ihren kleinen Augen jetzt plötzlich, ich möchte sagen, hellsehend, können dieses Licht von der neuen Königin nicht vertragen. Jetzt fängt der ganze Schwarm an zu schwärmen. Es ist etwas wie Furcht vor der neuen Königin, wie wenn sie geblendet würden. Es ist geradeso, wie wenn man zur Sonne hinaufschaut. Daher schwärmen sie aus. Und man muss wiederum den Bienenstock begründen mit der alten Königin, wenigstens auf den Zusammenhalt von den meisten Arbeitsbienen, die noch mit der alten Königin zusammengehören. Die neue Königin muss sich neues Volk erwerben.

Es bleibt ja Volk zurück, aber das ist eben dasjenige, das unter anderen Bedingungen geboren ist. Aber der Grund, warum die Bienen ausschwärmen, der liegt eben darin, dass sie die neue Königin, die neue Sonnenwirkung hereinbringt, nicht ertragen.

Jetzt können Sie fragen: Aber wie werden denn die Bienen so empfindlich gegen diese neue Sonnenwirkung? – Da ist etwas sehr Merkwürdiges vorhanden. Sie wissen ja vielleicht, dass es manchmal unangenehm werden kann, die Begegnung mit einer Biene zu machen. Sie sticht einen. Und wenn man ein so großes Wesen ist wie der Mensch, dann bekommt man höchstens eine entzündliche Hautstelle und so weiter, aber es bleibt immerhin unangenehm. Die kleinen Tiere, die sterben sogar daran. Das rührt davon her, dass die Biene einen Stachel hat, der eigentlich eine Röhre ist. In dieser Röhre bewegt sich so etwas wie ein Kolben auf und ab, und der geht zurück bis zur Giftblase, so dass Gift ausströmen kann.

Dieses Gift, das demjenigen, der ihm begegnet, recht unangenehm werden kann, ist für die Bienen außerordentlich wichtig. Der Biene ist es gar nicht einmal so stark angenehm, dieses Gift beim Stechen abgeben zu müssen; aber sie gibt es ab aus dem Grunde, weil sie überhaupt allen äußeren Einfluss nicht gut ertragen kann. Sie will in sich bleiben. Sie will bei der Welt ihres Stockes bleiben, und jeden äußeren Einfluss empfindet sie als etwas Störendes. Den wehrt sie dann ab mit ihrem Gift. Aber das Gift hat fortwährend eine andere Bedeutung noch. Dieses Gift ist bei der Biene so, dass es immer in ganz kleinen, winzigen Mengen in den ganzen Bienenkörper übergeht. Und ohne dieses Gift könnte die Biene überhaupt nicht bestehen. Und wenn man die Arbeitsbiene betrachtet, so muss man sich sagen, dass sie mit ihren kleinen, winzigen Augen nicht sehen kann. Das beruht darauf, dass das Gift fortwährend in diese kleinen, winzigen Augen auch hineingeht. Dieses Gift, das wird nämlich in dem Augenblicke beeinträchtigt, wo die neue Königin, die neue Sonnenwirkung, da ist. Da bleibt das Gift nicht mehr wirksam. Da werden die Augen plötzlich sehend. So dass es die Biene eigentlich ihrem Gift verdankt, wie sie fortwährend ist, dass sie eigentlich fortwährend sozusagen in einer Dämmerung lebt.

Und wenn ich Ihnen das bildlich beschreiben soll, was die Bienen erleben, wenn eine neue Königin auskriecht aus einer solchen sackförmigen Zelle, da müsste ich sagen: So ein Bienlein, das lebt immer in der Dämmerung, tastet sich fort mit einem Geruchs-Geschmack, mit etwas, was zwischen Geruch und Geschmack in der Mitte drinnen ist, tastet sich fort, lebt in der Dämmerung, und die ist ihm angemessen. Wenn aber die neue Königin kommt, dann ist es geradeso, wie wenn wir im Juni im Finstern gehen und die Johanniskäferchen leuchten. So leuchtet die neue Königin dem Bienenschwarm, weil das Gift nicht mehr stark genug wirkt, um sie in sich zu erhalten. Die Biene braucht Abschluss von der Welt, Dämmerungsabschluss von der Welt. Den hat sie auch, wenn sie ausfliegt, weil sie eben mit ihrem Gift sich in sich halten kann. Sie braucht dann das Gift, wenn sie fürchtet, dass irgendwie von außen ein Einfluss kommt. Der Bienenstock will ganz in sich sein.

Damit die Königin im Sonnenbereich bleiben kann, darf sie auch nicht in einer solchen eckigen Zelle sein, sondern sie muss in einer rundlich geformten Zelle sein. Da bleibt sie eben unter dem Einfluss der Sonne.

Und sehen Sie, da kommen wir auf etwas, was tatsächlich macht, dass jeden Menschen die Bienenzucht außerordentlich interessieren muss. In dem Bienenstock drinnen geht es nämlich im Grunde genommen geradeso zu, nur mit ein bisschen Veränderung, wie im eigenen Menschenkopf. Nur dass im eigenen Menschenkopf die Substanzen nicht so auswachsen. Nicht wahr, im Menschenkopf drinnen haben wir Nerven, Blutgefäße und dann auch einzeln liegende sogenannte Eiweißzellen, die rundlich bleiben. Die sind auch immer irgendwo drinnen. Da haben wir auch dreierlei drinnen im Menschenkopfe. Die Nerven bestehen aber auch aus einzelnen Zellen, die nur, weil sie von allen Seiten von der Natur bedeckt sind, sich nicht ganz auswachsen zu Tieren; sie wollen aber eigentlich Tiere werden, diese Nerven, wollen auch kleine Tiere werden. Und wenn sich die Nervenzellen des menschlichen Kopfes nach allen Seiten würden entwickeln können unter denselben Bedingungen wie der Bienenstock, dann würden die Nervenzellen Drohnen werden. Die Blutzellen, die in den Adern fließen, würden Arbeitsbienen werden. Und die Eiweißzellen, die besonders im Mittelkopf vorhanden sind, die machen die kürzeste Entwicklung durch, die lassen sich der Königin vergleichen. So dass wir im Menschenkopf drinnen dieselben drei Kräfte haben.

Nun, die Arbeitsbienen, die bringen das, was sie an den Pflanzen sammeln, nach Hause, verarbeiten es in ihrem eigenen Körper zu Wachs und machen da diesen ganzen wunderbaren Zellenaufbau. Das machen die Blutzellen des menschlichen Kopfes auch! Die gehen vom Kopf in den ganzen Körper. Und wenn Sie sich zum Beispiel einen Knochen ansehen, ein Knochenstück ansehen, so sind da überall diese sechseckigen Zellen drinnen. Das Blut, das in dem Körper herumzirkuliert, das verrichtet dieselbe Arbeit, die die Bienen im Bienenstock verrichten. Nur, nicht wahr, bei den anderen Zellen, bei den Muskeln, wo es auch noch ähnlich ist – denn die Muskelzellen sind auch ähnlich den Wachszellen der Bienen –, da lösen sie sich zu bald auf, sind auch noch weich; da bemerkt man es nicht so. An den Knochen bemerkt man es sehr gut, wenn man es studiert. So dass das Blut auch die Kräfte hat, die eine Arbeitsbiene hat.

Ja, Sie können das sogar im Zusammenhang mit der Zeit studieren. Diejenigen Zellen, die Sie zuerst beim menschlichen Embryokeim entwickelt finden und die dann bleiben, die Eiweißzellen, das sind diejenigen Zellen, die schon in den frühesten Entwicklungszeiten des Embryo vorhanden sind. Die anderen, die Blutzellen, die entstehen etwas später, und zuletzt entstehen die Nervenzellen. Gerade so, wie es im Bienenstock drinnen geschieht! Nur dass der Mensch sich einen Leib aufbaut, der scheinbar zu ihm gehört, und die Biene baut auch einen Leib: Das sind die Waben, die Zellen. Mit diesem Wachsbau geschieht dasselbe wie in unserem Körper drinnen, nur dass man da nicht mehr so leicht nachweisen kann, dass eigentlich die Blutzellen das aus einer Art von Wachs heraus machen. Aber wir sind selber aus einer Art von Wachs heraus gemacht, wie die Bienen die Waben im Korbe drinnen oder in der Kiste formen. So dass das so ist: Der Mensch hat einen Kopf, und der Kopf arbeitet an dem großen Leibe, der eigentlich der Bienenstock ist; und der Bienenstock, der enthält gerade in dem Zusammenhang zwischen der Königin und den Arbeitsbienen denselben Zusammenhang, den die Eiweißzellen, die rund bleiben, mit dem Blut haben. Und die Nerven, die werden fortwährend ruiniert. Die Nerven werden fortwährend abgenutzt, denn unser Nervensystem nutzen wir ab. Wir führen in unserem Inneren nicht sogleich eine Nervenschlacht aus – da würden wir ja jedes Jahr sterben –, wie die Bienen eine Drohnenschlacht; aber trotzdem werden unsere Nerven mit jedem Jahr schwächer. Und an den schwächer werdenden Nerven stirbt der Mensch eigentlich. Wir können dann den Körper nicht mehr so empfinden, und der Mensch stirbt eigentlich immer daran, dass er seine Nerven abnützt.

Wenn Sie jetzt den Kopf, der eigentlich den Bienenstock darstellt, anschauen, dann finden Sie, dass in diesem Menschenkopf alles geschützt ist. Und wenn man von außen etwas heranbringt, dann ist das eine furchtbare Verletzung. Das verträgt der Kopf nicht. Diesen Vorgang bei der Entstehung der neuen Königin verträgt auch der Bienenstock nicht, geht lieber fort, als dass er mit dieser neuen Königin zusammen sein muss.

Gerade aus diesem Grunde ist es, dass die Bienenzucht immer als etwas ungeheuer Bedeutsames angesehen worden ist. Nicht wahr, der Mensch nimmt 20 Prozent von dem Honig den Bienen weg, und man kann schon sagen: Dieser Honig ist den Menschen außerordentlich nützlich, denn der Mensch kriegt sonst mit seiner Nahrung sehr wenig Honig, weil der Honig sehr verteilt ist in kleinen Mengen bei den Pflanzen. Sonst kriegen wir winzige Honigmengen in uns. Wir haben ja auch «Bienen» in uns, nämlich unser Blut. Das trägt schon diesen Honig in die verschiedenen Teile des Körpers. Aber dieser Honig, der ist es ja, den die Biene braucht, um Wachs zu machen, aus dem sie den Körper, den Wabenbau des Bienenstockes machen kann.

Auf uns Menschen, besonders wenn wir alt werden – beim Kind ist es die Milch, die so wirkt –, dann wirkt der Honig in einer außerordentlich günstigen Weise auf uns. Er fördert nämlich unsere körperliche Gestaltung. Daher ist Leuten, die alt geworden sind, der Honig außerordentlich zu empfehlen. Nur soll man sich daran nicht überessen. Überisst man sich daran, genießt man ihn nicht als eine Zutat nur, dann bildet man zu viel Gestaltung daraus. Dann wird die Gestaltung spröde und man bekommt allerlei Krankheiten. Nun, ein gesunder Mensch verspürt, wie viel er essen kann. Und dann ist insbesondere für Leute, die älter werden, der Honig ein außerordentlich gesundes Nahrungsmittel, weil er eigentlich unserem Körper Festigkeit gibt, richtig Festigkeit gibt.

Wenn man daher auch bei rachitischen Kindern diese Regel befolgen würde – nicht wahr, zuerst, in den allerersten Wochen, wo die Kinder eigentlich nur von Milch leben müssten, darf man das nicht tun, denn da wirkt der Honig noch nicht –, wenn man aber wirklich richtig dosiert, gerade dem rachitischen Kinde, wenn es so neun, zehn Monate alt geworden ist, Honig geben würde und es dann diese Honigdiät machen lassen würde bis zum dritten, vierten Jahre, dann würde die Rachitis, die englische Krankheit, nicht so schlimm sein können, als sie ist, weil die Rachitis darin besteht, dass der Körper zu weich bleibt, in sich zusammensinkt. Aber der Honig enthält in sich die Kraft, dem Menschen Gestalt zu geben, Festigkeit zu geben. Diese Zusammenhänge müssen eben durchaus eingesehen werden. So dass man sagen kann: Eigentlich müsste der Honig-, der Bienenzucht noch viel, viel mehr Aufmerksamkeit zugewendet werden, als ihr zugewendet wird.

Es ist auch noch das Folgende möglich. In der Natur ist nämlich ein merkwürdiger Zusammenhang zwischen allem. Da sind diejenigen Gesetze, die der Mensch mit dem gewöhnlichen Verstande nicht durchschaut, eigentlich die allerwichtigsten. Nicht wahr, diese Gesetze wirken nur so, dass sie immer ein kleines bisschen Freiheit lassen. So ist es zum Beispiel bei den Geschlechtern auf der Erde. Es entstehen nicht ganz gleich viele Männer und Frauen auf der Erde, aber ungefähr gleich viele. Über die ganze Erde hin ist es ungefähr gleich. Das wird durch die Naturweisheit selber bewirkt. Wenn einmal die Geschichte kommen würde – ich glaube, ich habe es Ihnen schon gesagt –, dass die Menschen das Geschlecht willkürlich erzeugen könnten, dann würde die Sache gleich in Unordnung kommen. Nun, es ist ja auch so: Wenn zum Beispiel in irgendeiner Gegend durch wilde Kriege die Bevölkerung dezimiert ist, so wird sie nachher fruchtbarer. In der Natur also wirkt jeder Mangel in eine entgegengesetzte Kraft hinein.

Nun ist es auch so, dass, wenn irgendwo in einer Gegend die Bienen sich Honig suchen, sie dann ja natürlich den Honig von den Pflanzen wegnehmen. Aber sie nehmen den Honig weg von den Pflanzen, die man sonst auch braucht, die uns allerlei Früchte geben und dergleichen. Und das Eigentümliche ist, dass in Gegenden, wo Bienenzucht ist, auch die Obstbäume und Ähnliches besser gedeihen als in Gegenden, wo keine Bienenzucht ist. Also, wenn die Bienen den Honig wegnehmen von den Pflanzen, wird die Natur nicht müßig, sondern sie erzeugt mehr solche fruchtbaren Pflanzen. So dass also der Mensch nicht nur vom Honig, den die Bienen geben, etwas hat, sondern dass ihm dann auch wiederum etwas von den Pflanzen gebracht wird, die von den Bienen besucht werden. Das ist ein Gesetz, in das man wirklich recht gut hineinschauen kann und das wichtig ist.

Nun, mit alledem hängt es aber zusammen, dass, wenn man so diese Sachen durchschaut, man sagen kann: In dem ganzen Wesen eines Bienenzusammenhanges, eines

Organismus, ist schon etwas, in das von der Natur eine ganz wunderbare Weisheit hineingelegt ist. – Die Bienen stehen schon unter Naturkräften, die außerordentlich wichtig und wirklich wunderbar sind. Daher bekommt man eine gewisse Scheu davor, hineinzutapsen in diese Naturkräfte.

Die Dinge stellen sich nämlich heute noch immer so heraus, dass, wo der Mensch hineintapst in die Naturkräfte, er die Dinge nicht besser macht, sondern schlechter. Aber er macht es nicht gleich schlechter, sondern es ist schon so, dass die Natur überall Hindernisse hat. Trotz der Hindernisse wirkt sie in der besten Weise, wie sie kann. Gewisse Hindernisse, die kann der Mensch schon hinwegräumen, und damit kann er auch der Natur manches erleichtern. Und er erleichtert zum Beispiel der Natur ja wirklich in der Bienenzucht anscheinend dadurch sehr viel, dass er nicht die alten Bienenkörbe, sondern die neueren Bienenkisten benützt, die bequem eingerichtet sind und so weiter.

Aber nun kommt dieses Kapitel mit der künstlichen Bienenzucht. Sie dürfen nicht glauben, dass ich nicht einsehen würde, auch von gar nicht geisteswissenschaftlichem Standpunkte, dass natürlich die künstliche Bienenzucht zunächst im ersten Anhub etwas für sich hat, denn es wird natürlich manches erleichtert; aber dieses starke Zusammenhalten, ich möchte sagen, einer Bienengeneration, einer Bienenfamilie, das wird dadurch doch auf die Dauer beeinträchtigt werden. Man wird heute noch allgemein die künstliche Bienenzucht, wenn alle die Vorsichtsmaßregeln getroffen werden, die Herr Müller ausgeführt hat, natürlich in gewisser Beziehung nur loben können. Aber wie die Sachen in fünfzig oder achtzig Jahren sind, das muss abgewartet werden, denn da werden einfach gewisse Kräfte, die bisher im Bienenschwarm organisch wirkten, mechanisiert, die werden mechanisch gemacht. Es ist nicht mehr jene innige Verwandtschaft herzustellen zwischen der gekauften Bienenkönigin und den Arbeitsbienen, wie sie sich herstellt, wenn die Bienenkönigin von der Natur selber da ist. Aber in der allerersten Zeit macht sich so etwas noch nicht geltend.

Selbstverständlich würde ich durchaus nicht wollen, dass eine fanatische Bewegung gegen die künstliche Bienenzucht eingeleitet werden soll. Solche Sachen kann man eigentlich nicht machen im praktischen Leben. Denn das wäre ungefähr so wie etwas anderes, was ich Ihnen jetzt sagen will. Man kann ungefähr berechnen, wann einmal in der Erde keine Kohlen mehr sein werden. Der Kohlenvorrat der Erde ist ja erschöpfbar, geht einmal aus. Nun könnte man ja heute auch so wenig Kohlen aus der Erde herausfördern, dass das ungefähr so lange bliebe, bis die Erde selber zugrunde gegangen sein wird. Man kann nicht sagen, man soll es so machen, denn man muss da ein bisschen Vertrauen auf die Zukunft haben. Man muss sich sagen: Nun ja, gewiss, wir rauben der Erde alle Kohlen, das heißt, unseren Nachkommen rauben wir eigentlich die Kohlen; aber die werden schon etwas anderes dann erfinden, damit sie keine Kohlen brauchen. – So kann man natürlich auch sagen gegenüber den Nachteilen, die die künstliche Bienenzucht etwa hat.

Aber dabei bleibt es doch gut, wenn man sich bewusst ist, dass man dasjenige, was in der Natur in einer so wunderbaren Weise ausgebildet ist, eigentlich doch stört, wenn man etwas Mechanisches, Künstliches da hineinbringt. Denn die Bienenzucht hat zu allen Zeiten als etwas ganz Wunderbares gegolten. Die Biene galt gerade in ältesten Zeiten als ein heiliges Tier. Warum? Sie galt als ein heiliges Tier, weil sie eigentlich in ihrer ganzen Arbeit erkennen lässt, wie es im Menschen selber zugeht. Und wenn einer ein Stückchen Bienenwachs bekommt, so hat er eigentlich ein Zwischenprodukt zwischen Blut und Muskeln und Knochen. Das geht innerlich im Menschen durch das Wachsstadium durch. Das Wachs wird dadurch noch nicht fest, sondern bleibt flüssig, bis es übergeführt werden kann in Blut oder Muskeln oder Knochenzellen. Man hat also eigentlich im Wachs dasjenige vor sich, was man als Kräfte in sich hat.

Wenn die Leute in alten Zeiten Bienenwachskerzen gemacht haben und die angezündet haben, so haben sie darinnen wirklich eine ganz merkwürdige heilige Handlung gesehen: Dieses Wachs, das da verbrennt, haben wir aus dem Bienenstock geholt. Da ist es fest gewesen. Wenn das Feuer dieses Wachs schmilzt und dieses Wachs da verdunstet, dann kommt das Wachs in denselben Zustand, in dem es in unserem eigenen Leibe ist. – Und im verbrennenden Wachs in der Kerze haben die Leute früher etwas geahnt, was da hinauf fliegt zum Himmel, was in ihrem eigenen Leibe ist. Das war ihnen etwas, was sie zur besonderen Andacht gestimmt hat und was sie wiederum dazu geführt hat, die Biene als ein besonders heiliges Tier zu betrachten, weil die etwas bereitet, was eigentlich der Mensch fortwährend selber in sich bereiten muss. Und daher ist es schon so: In je ältere Zeiten wir kommen, desto mehr finden wir, dass die Leute Ehrfurcht dem ganzen Bienenwesen entgegengebracht haben. Nur war das ja natürlich wild; die Leute haben es gefunden, es als eine Offenbarung betrachtet. Später ist es in den Haushalt der Menschen genommen worden. Aber in alledem, was da bei den Bienen auftritt, liegen doch lauter ganz wunderbare Rätsel, und empfinden kann man die Bienen nur, wenn man viel studiert, was eigentlich zwischen dem Menschenhaupt und seinem Körper vor sich geht.

Nun habe ich Ihnen diese Bemerkungen gemacht. Am Mittwoch werden wir ja die nächste Stunde haben. Vielleicht wird sich manche Frage daran knüpfen. Vielleicht wird auch Herrn Müller selber das eine oder das andere einfallen. Ich wollte Ihnen nur diese Bemerkungen machen, die ja nicht anzuzweifeln sind, denn sie beruhen auf wirklicher Erkenntnis. Aber es handelt sich darum, dass vielleicht noch manches deutlicher gemacht werden kann.

Es lohnt sich, den Aufbau dieses Vortrages zu verfolgen. Ausgangspunkt ist die künstliche Königinnenzucht. In der Folge wird das Thema ausgeweitet. Der künstlichen Königinnenzucht werden die feinen Zusammenhänge gegenübergestellt, welche im und ums Bienenvolk wirken. Darunter sind Passagen, in denen feine Einflüsse der Form und Zeitdauer auf eine Entwicklung beschrieben werden, wie die Sechseckform der Zelle das Leben der darin entstehenden Biene mitprägt und die Entwicklungsdauer der Einzelwesen einen Bezug zu kosmischen Einflüssen, hier namentlich zu der Sonnenumdrehung, hat. Die nachfolgenden Themen zeigen eine klare innere Bewegung, man könnte sogar sagen, dass sie einen Überblick bieten über die Themen der späteren Vorträge des Zyklus.

Die Bewegung führt vom Honigsammeln auf den Blüten zur Verdauung und Umgestaltung, zur Erzeugung von Wachs und dem Sechseck als Grundform der Wabe, den unterschiedlichen Zellen und den darin entstehenden Bienenwesen. Es werden deren Entwicklungszeiten in Beziehung zu ihrem Wirken gesetzt, ausführlicher wird dann auf die Königin, den Schwarmprozess, die Giftwirkung und den Hochzeitsflug eingegangen. Es folgen Betrachtungen über den Menschen, in denen die Parallele von Menschenkopf und Bienenstock hervorgehoben und die Bienenwesen im Vergleich mit den Zellen im menschlichen Körper gesehen sowie der Einfluss der Bienen und des Honigs auf die Fruchtbarkeit erörtert werden.

Nach dieser Umschau kommt Rudolf Steiner wieder auf das Ausgangsthema zurück:

Nun, mit alledem hängt es aber zusammen, dass, wenn man so diese Sachen durchschaut, man sagen kann: In dem ganzen Wesen eines Bienenzusammenhanges, eines Organismus, ist schon etwas, in das von der Natur eine ganz wunderbare Weisheit hineingelegt ist. Die Bienen stehen schon unter Naturkräften, die außerordentlich wichtig und wirklich wunderbar sind. Daher bekommt man eine gewisse Scheu davor, hineinzutapsen in diese Naturkräfte.

Die Dinge stellen sich nämlich heute noch immer so heraus, dass, wo der Mensch hineintapst in die Naturkräfte, er die Dinge nicht besser macht, sondern schlechter.

Kritik an der modernen Bienenzucht

Im Schlussteil des Vortrags wird dann die moderne Bienenzucht der Kritik unterzogen. Rudolf Steiner bezeichnet das Wesen des Bienenvolkes als einen Organismus, in den eine wunderbare Weisheit hineingelegt ist. Im imkerlichen Umgang damit räumt der Mensch gewisse Hindernisse weg, was «scheinbar» vieles erleichtert.

Der Mobilbau ist aus der heutigen Imkerei nicht mehr wegzudenken. In einen Stabilbau werden nur selten noch einzelne Völker einlogiert. Doch ist nicht zu übersehen, dass der Mobilbau ein mechanisches Verständnis des Bienenvolks gefördert hat. Jeder Mensch, der mit Bienen arbeitet, kennt den Gegensatz zwischen dem Bienenvolk als Ganzem und seinen einzelnen Gliedern. Hier eine bewusste Balance zu finden, ist eine Herausforderung, die sich erst durch den Mobilbau zu stellen begonnen hat.

Weit deutlicher formuliert Rudolf Steiner Kritik im Zusammenhang mit der künstlichen Königinnenzucht. Da hier gewissermaßen organische Kräfte mechanisch gemacht werden, befürchtet er, dass über längere Zeiträume hin die Bindung zwischen dem Volk und der zugekauften Königin abnehmen und aus der Zucht zu immer höheren Honigerträgen eine gesteigerte Krankheitsanfälligkeit resultieren könnte. Er warnt allerdings auch davor, eine fanatische Gegenbewegung einzuleiten, das Rad der Geschichte lasse sich nicht zurückdrehen.

Innerhalb der biologischen Imkerei ist es die Demeter-Imkerei, die sich an Rudolf Steiners Impulsen orientiert. Die Demeter-Imkerei hat als einzige Richtlinien, in denen Wert darauf gelegt wird, dass der Umgang mit dem Bienenvolk aus dem Organismusgedanken heraus erfolgt:

«Im Sinne der Biologisch-Dynamischen Wirtschaftsweise orientieren sich die imkerlichen Kulturmaßnahmen an den natürlichen Bedürfnissen des Bienenstocks. Die Betriebsweisen sind so gestaltet, dass der BIEN seine natürlichen Lebensäußerungen organisch entfalten kann. In der Demeter-Bienenhaltung dürfen die Bienenvölker ihren Wabenbau als Naturwabenbau errichten. Grundlage für Fortpflanzung, Vermehrung, Verjüngung und züchterische Entwicklung ist der Schwarmtrieb. Eigener Honig ist wesentlicher Bestandteil der Wintervorräte der Bienen.»

Naturbau nennt man einen Wabenbau, der vom Bienenvolk selber errichtet wird. Das dafür erforderliche Wachs wird aus dem Körper der einzelnen Biene herausgeschwitzt und vom Volk zu einer Wabe verbaut. Die Bildung des Wabenkörpers in und aus der Schwarmtraube mit dem gleißend weißen, neu gebildeten Wachs macht einen tiefen Eindruck. Es ist eine Freude, als Imker das Bienenvolk bei dieser Organbildung zu begleiten. Vom Ganzen des Bienenvolkes her gesehen ist der Wabenbau Stützorgan wie das Skelett beim Menschen. Wenn keine Mittelwände bereitgestellt werden, gestaltet das Bienenvolk den Wabenbau mit der ihm eigenen räumlichen Verteilung von Arbeiterinnenbau und Drohnenbau selber. Auf jeder Wabe wird im unteren Teil ein größerer oder kleinerer Bereich für den Drohnenwabenbau verwendet. Bei der Vermehrung des Bienenvolks aus dem Schwarmtrieb versucht der Imker, sich den natürlichen Vermehrungstrieb der Bienen zunutze zu machen. Es ist das Volk, das im Frühling aus der Fülle heraus den Impuls zur Vermehrung setzt. Da es oft nicht möglich ist, die Schwärme einzufangen, ist es auch erlaubt, das Volk mit seinen heranwachsenden Königinnen in verschiedene Einheiten aufzuteilen und so Jungvölker zu bilden. Königinnen aus künstlicher Zucht werden nicht verwendet.

Auch in den nachfolgenden Vorträgen über das Wesen der Bienen finden sich weitere praktische Angaben, deren Impulse von der Demeter-Imkerei aufgegriffen werden. So achtet man bei der Fütterung darauf, dem Zuckerwasser auch Honig, Kamillentee und Salz beizusetzen.

Auffallend in den Arbeitervorträgen ist die immer wieder auftauchende Auseinandersetzung mit den damaligen Naturwissenschaften. Zum einen äußert Rudolf Steiner Kritik, die bis zu Spott und Hohn reicht. Gleichzeitig lässt er aber auch Bewunderung für die wissenschaftlichen Leistungen spüren, die er mit entsprechenden Zitaten und Interpretationen versieht, und als Drittes fordert er immer wieder dazu auf, sich den Bienen mit wissenschaftlich genauer Beobachtung zuzuwenden. Auch in den Zyklus «Vom Wesen der Bienen» spielt diese Auseinandersetzung immer wieder hinein. Im folgenden Vortrag stehen Fragen rund um die Wahrnehmung von Tier und Mensch im Zentrum, so gleich zu Beginn, wo Rudolf Steiner an einen Artikel aus der *Schweizerischen Bienen-Zeitung N. F.* anknüpft, der vorgelesen wurde: «Sehen die Bienen für uns unsichtbare Farben?».

Nun, wollen wir darüber ein paar Worte sagen. Diese Experimente, die Forel und die Kühn und Pohl gemacht haben, die zeigen so recht, wie gedankenlos eigentlich gegenwärtig solche Experimente verfolgt werden. Man kann sich natürlich nichts Absurderes denken als eine solche Auslegung eines Experimentes! Bedenken Sie nur, dass ich ja dann auch Folgendes ausführen könnte. Denken Sie, ich habe einen Stoff – solche Stoffe gibt es –, der besonders für Ultraviolett, das heißt also, über das Blau und Violett hinausliegende Farben empfindlich ist, zum Beispiel gerade das Bariumplatinzyanür, das in dem Artikel erwähnt ist. Das leuchtet auch, wenn ich alle anderen Farben abblende. Also, ich blende Rot, Orange, Gelb, Grün, Blau, Indigo, Violett auch ab. Ich habe also Rot,

Orange, Gelb, Grün, Blau, Indigo und Violett. Jetzt mache ich eine Blende, das heißt, ich decke das im Spektrum alles ab. Dann habe ich hier noch die sogenannten ultravioletten Strahlen, die für den Menschen unsichtbar sind. Gebe ich da hinein diese Substanz, die ein weißes Pulver ist, das Bariumplatinzyanür und schließe die Läden, so fängt das an aufzuleuchten. Wir Menschen sehen nichts in diesem abgedunkelten Zimmer; nun lassen wir diese Strahlen herein, blenden ab, wo wir es hereinlassen, lassen also bloß Ultraviolett herein. Wenn ich aber da Bariumplatinzyanür hineingebe, was geschieht dann? Dann «sieht» das.

Etwas anderes tut man ja auch nicht, wenn man Ameisen zum Experiment nimmt. Statt dass ich das Bariumplatinzyanür nehme, nehme ich Ameisen. Die Ameisen gehen auf Zucker – infolgedessen sage ich: Sie sehen. Ebenso wenig brauchen sie zu sehen, wie das Bariumplatinzyanür zu sehen braucht, um aufzuleuchten. Das Ganze, was ich jetzt behaupten kann, ist nur, dass, wenn ich irgendwo einen Stoff habe, das eine Wirkung auf die Ameisen ausübt. Mehr darf ich nicht behaupten. Also, die betreffenden Gelehrten sind so gedankenlos als möglich und behaupten Dinge, die nichts als reine Phantasie sind.

Das einzige, was man behaupten kann, das ist dieses – und das ist dadurch bewiesen, nach dem Artikel, dass, wenn man die Augen anlackiert, dann keine Wirkungen mehr zustande kommen –, dass durch die Sinnesorgane eine Wirkung auf diese Insekten mehr oder weniger stattfand. Wobei noch charakteristisch das ist, dass der Gelehrte das, was er bei den Bienen bemerkt, auf Ameisen und Wespen überträgt. Das zeigt, wie gedankenlos solche Experimente gemacht werden.

Nun kommt aber noch das Folgende dazu. Wenn man hier weitergeht, dann kommt man zu den sogenannten ultravioletten Strahlen. Also, hier haben wir Rot, Orange, Gelb, Grün, Blau, dann käme noch Indigo, Violett. Da haben wir die ultraroten Strahlen; da die ultravioletten. Wir haben also hier rechts die ultravioletten Strahlen, und nun haben die ultravioletten Strahlen die Eigentümlichkeit – das drückt er selber so aus in dem Artikel –, ganz stark chemisch zu wirken. Also, dasjenige, was da hineingebracht wird in den Bereich der ultravioletten Strahlen, das wird stark chemisch angegriffen. Und die Folge davon ist, dass, wenn ich da eine Ameise hineinbringe, diese sofort stark chemisch angegriffen wird. Das spürt sie. Das ist ja richtig, sie spürt es vorzugsweise in den Augen. Es handelt sich um ein Gefühl, wie wenn sie jemand krabbeln würde, wenn sie in die ultravioletten Strahlen gebracht wird, geradeso wie das Bariumplatinzyanür eine Einwirkung erfährt, wenn es in einen chemischen Bereich gebracht wird. Es ist geradeso. Wenn ich in einem Zimmer alles abblende und die ultravioletten Strahlen allein drinnen habe, dann ist es so, dass die Ameise sofort merkt: Es geschieht da etwas. – Namentlich wenn man da die Ameiseneier, die Larven hat, so werden die ganz verändert; die würden ja zugrunde gehen in dem Augenblick, wo diese starke chemische Einwirkung geschähe. Daher retten diese Ameisen die Eier. Also, um was es sich da in diesem Artikel handelt, das ist ja eine Einwirkung auf chemische Art. Das, was ich neulich behauptet habe, stimmt schon. Ich habe gesagt: Die Bienen haben eine Art Geruchs-Geschmack, etwas, was zwischen Geruch und Geschmack drinnen liegt. Das ist das, was von den Bienen, und bei den Ameisen ist es ähnlich, gespürt wird.

So wenig kennen diese Herren, um was es sich handelt, dass sie zum Beispiel nicht wissen, dass, wenn der Mensch selber Farben wahrnimmt, in seinen Augen, schon wenn er die violetten Strahlen wahrnimmt, kleine chemische Veränderungen geschehen. Da ist das Farbenwahrnehmen beim Menschen schon nach dem Chemischen hin gerichtet. So dass das Ganze, was bei den Bienen hier untersucht worden ist, die Einwirkung auf die innere chemische Veränderung ist, die bei den Bienen vor sich geht, wenn sie im ultravioletten Licht leben.

Nun, sehen Sie, frei wahrnehmbar ist alles dasjenige für die Bienen, was im Bereich von Schwarz, Weiß, Gelb, Grau – das ist ja nur ein dunkleres Weiß –, Blaugrau liegt. Nämlich in allen diesen Farben ist kein Ultraviolett. Also, diese chemischen Einwirkungen, die die Bienen so stark spüren, wenn sie ins Ultraviolett kommen, die sind hier bei diesen Farben nicht da. Wenn die Biene aus dem Bereich von Schwarz, Weiß, Gelb und Blaugrau in diesen Bereich kommt, so spürt sie bei dem Ultraviolett etwas, was ihr fremd ist; da kann sie nichts machen. Es kommt alles darauf an, dass die Biene eine Art von Geruchs-Geschmack hat. Nicht wahr, wir unterscheiden sehr stark zwischen Riechen und Schmecken. Das Schmecken ist vorzugsweise der chemische Sinn. Das beruht ganz auf Chemie. Die Biene hat etwas, was zwischen Riechen und Schmecken in der Mitte steht.

Dagegen spricht auch nicht, dass die Biene, wenn man ihr die Kiste, in der sie lebt, irgendwo vorne anstreicht, dafür ein Unterscheidungsvermögen hat; denn denken Sie, jede Farbe wirkt anders chemisch und anders warm. Wenn Sie zum Beispiel eine Fläche rot anstreichen würden und die Biene sich diesem Rot nähert, dann wird es für sie warm. Wie soll sie nicht wissen, dass das anders ist, als wenn sie zum Beispiel in den Bereich von Blau kommt! Bei der blauen Fläche wird es kälter. Also, die Biene spürt dieses Warme des Roten und das Kalte des Blauen. Das kann sie also natürlich unterscheiden. Aber man darf nicht von da aus den Schluss ziehen, dass die Biene mit den Augen so sieht, wie der Mensch mit den Augen sieht. Das ist natürlich ein absoluter Unsinn.

So ist es auch mit vielen anderen Dingen, die die Leute machen. Ich habe Ihnen schon einmal gesagt, worauf alle diese Experimente hinauslaufen. Ich habe Ihnen gesagt:

Da gibt es eine gewisse Pflanze, die heißt die Venusfliegenfalle, die ihre Blätter sogleich zusammenzieht, wenn man sie berührt. Geradeso wie Sie aus der Hand eine Faust machen, wenn Sie berührt werden sollen, das heißt, wenn Ihnen einer eine draufschlagen will, so wartet die Venusfliegenfalle, wenn ein Insekt in die Nähe kommt, und dann klappt sie zusammen. Nun sagen die Leute: Also, hat diese Pflanze, die Venusfliegenfalle, eine Seele wie die Menschen. Sie nimmt wahr, wenn das Insekt ankommt, klappt zusammen und so weiter. – Ja, ich sage immer: Ich kenne eine gewisse Vorrichtung, die so beschaffen ist, dass, wenn ein anderes Tier in die Nähe kommt und etwas in der Vorrichtung berührt, diese Vorrichtung sofort zuschnappt und das Tier gefangen ist. Das ist nämlich eine Mausefalle. Und wenn man der Venusfliegenfalle eine Seele zuschreibt, dann muss man ebenso der Mausefalle eine Seele zuschreiben, Wenn man also den Bienen deshalb, weil sie im ultravioletten Lichte etwas tun, Sehen zuschreibt, dann muss man auch dem Bariumplatinzyanür ein Sehen zuschreiben.

Wenn die Leute denken würden, so würden sie auf ganz merkwürdige Dinge kommen, denn das Bariumplatinzyanür ist außerordentlich interessant. Bariumplatinzyanür besteht neben anderem aus Barium. Das ist ein weißes Metall, das zu der Gattung der Erdalkalimetalle gehört. Nun ist es interessant, dass solche Metalle auch eine gewisse Rolle im Leben des Menschen spielen. Wir könnten nämlich als Menschen in unserem Körper keine rechte Wirkung von Eiweiß, das wir essen, haben, wenn wir nicht in unserer Bauchspeicheldrüse solche Metalle hätten. Die müssen da sein. Wir haben also in dem Barium etwas, was mit dem zusammenhängt, wie wir uns wohl fühlen in der Verdauung.

Das Platin, das ist ein besonders wertvolles Metall, das wissen Sie ja, ein Metall, das auch besonders hart ist, schwer ist, ein Edelmetall. Diese Metalle, die haben alle die Eigenschaft, dass sie wiederum mit demjenigen zusammenhängen, was das Fühlen, das Spüren ist.

Und nun erinnern Sie sich noch an etwas. Sehen Sie, da drinnen ist noch Zyanür. Das ist eine gewisse Art von Zyansäure, Blausäure. Nun habe ich Ihnen gesagt, dass der Mensch gerade da, wo seine Muskeln arbeiten, immer etwas Blausäure entwickelt. Also, dieser ganze Stoff ist etwas Ähnliches wie das, was der Mensch in seinem Körper fortwährend entwickelt. Und daraus können Sie ersehen, dass der Mensch selber besonders empfindlich ist in seinem Körper – nicht in seinen Augen – für dasjenige, was im ultravioletten Licht, das heißt in den chemischen Bestandteilen des Lichtes, vor sich geht. So dass auch wir Menschen selber es beurteilen können, wenn wir nur aufpassen können auf solche Dinge.

Aber dazu führt eben nur die Geisteswissenschaft, auf solche Dinge aufpassen zu können, dass da, wo das Bariumplatinzyanür besonders angegriffen wird, eine Art von Fühlen vorhanden ist. Und das ist bei der Biene im allerstärksten Maße vorhanden. Die Bienen spüren die Farben eben mit ganz besonderer Intensität und sehen nur dann die Farben, wenn ein selbstleuchtendes Lebewesen auftritt, ganz schwach leuchten. Und deshalb sagte ich: Im Allgemeinen ist es um die Biene herum nur dämmerig. Wenn aber die neue Bienenkönigin auftaucht, dann schimmert diese für die Bienen so, wie für uns das Johanniskäferchen, wenn der Juni da ist. Das ist aber dasjenige, was für die drei kleinen Augen der Biene da ist; die anderen Augen, die größeren, haben schon eine Art Lichtempfindung, aber wie in der Dämmerung. Und wenn es abgedämmert ist, abgeblendet ist, spürt das Tier gerade die Anwesenheit von einer solchen Farbe, die chemisch wirkt, Ultraviolett, oder die gar nicht chemisch wirkt, Ultrarot.

Am Schluss des Artikels in der *Bienen-Zeitung* steht, bezüglich des Ultraroten werden später Mitteilungen kommen. – Gewiss, wenn die Bienen ins Ultrarot kommen, werden sie sich ganz anders verhalten, denn da sind keine chemischen Wirkungen mehr da. Was das Tatsächliche an den Experimenten ist, das ist richtig; aber man muss sich klar darüber sein, dass man nicht so schließen kann, wie Forel und Kühn geschlossen haben. Das ist ein ganz gedankenloses Verfolgen der Experimente. Dann sagen aber die Leute: Das ist einwandfrei bewiesen. – Ja, natürlich, für den, der auch der Mausefalle eine Seele zuschreibt! Aber für einen anderen, der weiß, wie weit er gehen kann, wie weit er denken kann, damit die Sachen wirklich genau verfolgt werden, ist das gar nicht einwandfrei bewiesen.

Im Leben ist man ja gar nicht gewöhnt, dass man die Sachen genau verfolgt. Wenn die Menschen irgendwo eine kleine Sache erleben, wird, wie man darüber sagt, aus einer Mücke ein Elefant. So auch oft bei unseren Gelehrten. Wenn sie irgendeine Sache haben, hören sie nicht auf mit ihrem Denken, sondern sie setzen es fort bei dem, was unmittelbar vorliegt. Da wird ein phantastisches Zeug daraus, da wird aus einer Mücke ein Elefant. Wenn die heutige Wissenschaft irgend etwas behauptet – sie behauptet es nur durch ihre Macht, weil sie alle Journale in ihren Händen hat –, so wird in der Regel dem nicht widersprochen, was vorgebracht wird. Aber zuletzt wird man doch mit all dem Zeug nichts machen können.

Ich glaube, wenn Sie durch die ganze Bienenzucht durchgehen, so werden Sie sehen, dass gerade die vorzüglichsten Bienenzüchter sich wenig um dasjenige kümmern, was Forel und Kühn da entdeckt haben, denn die Bienenzüchter müssen praktisch vorgehen, und dann machen sie schon das, was notwendig ist, instinktiv.

Es ist natürlich besser, wenn man dieses Instinktive auch noch weiß. Ich glaube in der Regel auch bemerkt zu haben, dass der Imker sich ja vielleicht gerade einmal an einem Sonntagabend, wenn es draußen schneit, hinsetzt und solch einen Artikel liest, weil es ihn natürlich interessiert. Aber machen kann er mit dem Artikel nicht viel, weil man ja mit diesem Artikel nichts angreifen kann. Aber Sie haben ganz gewiss noch andere interessante Sachen zu fragen.

Herr Müller: Ich möchte noch über die Königin etwas sagen. Wir haben schon besprochen, dass diese Eier legt. Nun haben wir aber auch unbefruchtete Königinnen, zum Beispiel bei schlechtem Wetter, und aus deren Eiern entstehen die Drohnen, die keinen Wert haben. Ebenso aber auch, wenn die Königin abgegangen ist und keine junge Brut mehr vorhanden ist, wird unter den Arbeitsbienen eine Biene aufgezogen zur Königin; diese legt ebenfalls Eier, aber eben auch unbefruchtete Eier, und daraus werden minderwertige Drohnen.

Dann möchte ich noch etwas über den Schwarmzustand sagen. Der erste Schwarm, der hat noch keine neue Königin. Die neue Königin schlummert noch in ihrer Zelle. Nur die älteren Bienen gehen mit der Königin ab. Ich fange die Königin heraus und kann die ganzen Bienen wieder in den Stock zurückbringen.

In Bezug auf das Sehen der Bienen möchte ich sagen: Wenn wir im Bienenhaus arbeiten und es ist zu viel Licht, das heißt für den Imker immer noch zu wenig Licht, so regen sich die Bienen doch kolossal auf. In Bezug auf das Stechen der Bienen beim Schwärmen: Es ist bei uns allgemein bekannt, dass ein Vorschwarm etwas kitzelig ist; bei einem Nachschwarm ist das weniger der Fall. Wir stehen auf dem Standpunkt, dass junge Bienen noch nicht stechen, ihren Stachel noch nicht gebrauchen. Es gibt Gegenden, wo die Leute den Honig nicht eher ernten, bevor er nicht vom Pfarrer geweiht worden ist. Am 8. August ist ein Honigtag. Es kann auch noch sein, dass der Schwarm ausfliegt, dass die Königin irgendwo sich absetzt, und es scheint, als ob er dabei erledigt wäre; es ist aber nicht so, nicht ganz so.

Bezüglich dessen, was ich sagte, war eigentlich alles so, dass es darauf hinausläuft, dass die alte Königin vom Volk auszieht, wenn die junge Königin sich zeigt, also den Bienen sich wie ein Leuchtwürmchen zeigt. Wenn der Schwarm ausgeschwärmt hat und man die alte Königin abgefangen hat, so kann man ja das Volk, wie Sie sagen, wiederum zurückbringen in den Bienenstock, und es arbeitet ruhig weiter. Da kann man nicht sagen, dass das nicht richtig ist, dass das Volk zuerst weggezogen ist wegen des starken Lichteindrucks der jungen Königin durch die drei kleinen Augen. Das wird dadurch nicht aus der Welt geschafft. Sie müssen da ganz logisch vorgehen. Ich will ein Beispiel aus dem Leben bringen. Denken Sie sich einmal, Sie wären alle irgendwo angestellt, wo Sie eines Tages finden, Sie müssen alle zusammen streiken, weil hier etwas Unrichtiges in der Leitung vor sich geht. Nehmen wir an, Sie beschließen den Streik. Also, Sie schwärmen aus.

Jetzt, nicht wahr, vergeht einige Zeit, und Sie haben nicht mehr die Möglichkeit, sich Lebensmittel zu kaufen. Sie sind am Hungertuch angekommen und gehen gezwungen wiederum zurück. Ja, kann ich jetzt sagen: Also, ist es nicht wahr, dass zuerst etwas Unrichtiges geschehen ist?! – Denn Sie müssen doch bedenken, dass, wenn Sie dem ausgeschwärmten Schwarm die alte Königin wegnehmen und ihn wieder in den Bienenstock zurückbringen, er natürlich genötigt ist, weil er die alte Königin nicht mehr hat – was er spürt –, die neue Königin auszuhalten, in den sauren Apfel zu beißen. Das ist deshalb nicht unrichtig, was ich sagte, sondern es handelt sich eben gerade darum, dass man alle diese Dinge im richtigen Lichte anschaut.

Dann haben Sie vom Vorschwärmen gesprochen, wo eigentlich eine junge Königin noch nicht da ist, wo man davon nicht reden könnte. Nun, haben Sie aber ein solches Vorschwärmen beobachtet, wenn auch das Ei der jungen Königin noch gar nicht da ist?

Herr Müller: Neun Tage, bevor die junge Königin ausgeschlüpft ist.

Zunächst ist die junge Königin als ein Ei in ihrer Zelle drinnen. Nach sechzehn Tagen wird sie eine ausgewachsene Bienenkönigin. Da schlüpft sie aus. Neun Tage vorher ist sie aber im Ei oder in der Made schon drinnen. Nun ist das Eigentümliche dabei, dass das Ei da am allerstärksten leuchtet. Es hört allmählich auf zu leuchten, und die junge Königin leuchtet noch einige Zeit. Aber am allerstärksten leuchtet sie, wenn sie noch Ei und Larve ist. Also, das ist ganz erklärlich, dass da Vorschwärme abgehen, die aus den allerempfindlichsten Bienen bestehen und die sich fortmachen. Das erklärt sich daraus, dass nichts stattfindet, bevor nicht eine junge Königin da ist. Denn, was ist die junge Königin? Die ist ja auch schon da, wenn nur das Ei da ist.

Wenn die Königin unbefruchtet bleibt, dann bringt sie keine Arbeitsbienen hervor, sondern nur Drohnen, und, wie Herr Müller gesagt hat, noch dazu schlechte Drohnen. Das ist ja auch richtig. Man kann also eine solche Brut von einer unbefruchteten Königin, einem sogenannten Aftermütterchen, nicht brauchen, weil keine Arbeitsbienen dabei sind. Man wird also darauf sehen müssen, dass die Bienen gerade unter dem Einfluss des Sonnenlichtes ihren Hochzeitsflug halten können.

Sie sehen wiederum, was für eine große Rolle da das Chemische spielt. Denn, nicht wahr, alles das, was da geschieht, das geschieht ja als Wirkung auf das Geschlechtswesen der Biene. Das Geschlechtswesen ist aber ganz ein chemisches Wesen. Wenn die Bienenkönigin da hoch hinauffliegt, so ist es ja natürlich, dass da die Einwirkung nicht durch das Licht erfolgt, sondern durch das, was in der Lichtwirkung an Chemischem vorhanden ist. Also, gerade da sehen Sie, wie fein empfindlich die Biene gegen das Chemische ist.

Sie sagten ferner, wenn man mit dem Bienenstock arbeitet, so braucht man natürlich als Mensch Licht, und das macht die Bienen unruhig. Nun denken Sie sich einmal recht lebhaft: Die Biene empfängt durch das Licht chemische Wirkungen, die sie furchtbar stark spürt. Wenn Sie nun als Mensch kommen und ihr Licht zulassen, plötzlich es hell machen, so wirkt das auf die Biene, wie ein starker Windzug auf Sie wirkt, geradeso wie wenn Sie irgendwo sitzen und das Fenster aufmachen und ein starker Windzug geht. Die Biene spürt das Licht; sie spürt nicht, dass es da besonders hell wird, aber sie spürt das als Erschütterung, wird ganz durcheinandergerüttelt. Und man könnte fast sagen – ohne dass ich es gesehen habe –: Wenn der Bienenzüchter das tut, dass er viel Licht zulässt, so benehmen sich die Bienen furchtbar nervös, werden im Inneren unruhig, geraten in diese chemischen Wirkungen vom Licht hinein und fangen an, fast wie kleine Schwalben auf und ab zu fliegen. Sie tanzen hin und her. Und das ist eben das Zeichen, dass sie sich innerlich unruhig fühlen. Denken Sie doch nur einmal, die Bienen würden sich doch nicht gerade so nervös benehmen, wenn sie das Licht sehen würden. Sie würden sich dann mehr verkriechen, in eine Ecke hineinstellen, damit das Licht nicht auf sie wirkt.

Nun kommt ja bei all diesen Dingen natürlich auch in Betracht, dass man sich klar ist darüber, dass überall Wirkungen da sind, die nicht mit den Wirkungen verglichen werden dürfen, die die Dinge auf den Menschen haben. Sonst vermenschlicht man alles, und man kommt gar nicht dazu, sich die Sache anders vorzustellen als: Weil der Mensch so sieht, so sieht ein Tier auch so. – Das darf man nicht so von vornherein sagen. Sie werden vielleicht schon Folgendes wahrgenommen haben. Wer solche Sachen beobachtet, der kann es wahrnehmen. Denken Sie sich einmal in eine Küche hinein, wo der Sparherd ein bisschen geheizt ist. Die Katze, die setzt sich gern auf den Sparherd drauf, wenn es geheizt ist, kugelt sich zusammen, schläft da, hat die Augen zu. Nun, wenn irgendwo unter einem Schrank eine Maus ist, die sie gar nicht wahrnehmen kann mit den Augen, kommt es vor, dass die Katze plötzlich, ohne die Augen aufzumachen, herunterspringt, mit Sicherheit losspringt auf die Maus, mit ganz voller Sicherheit losspringt auf die Maus, und bevor Sie sich die Sache noch gar nicht zu Ende überlegt haben, kommt die Katze mit der Maus und hat sie bereits in ihrem Maul.

Nun, Sie werden natürlich nicht behaupten, dass die Katze die Maus gesehen hat, denn sie hatte die Augen zu, sie hatte geschlafen. Nun behaupten aber die Leute: Sie hat ein ganz feines Gehör, und durch das ganz feine Gehör hat sie die Maus wahrgenommen. – Nun, da müsste man jetzt behaupten: Die Katze hört, wenn sie schläft, am allerbesten. – Das ist ja auch schon eine etwas fragliche Behauptung, weil Sehen und Hören diejenigen Sinne sind, die eigentlich bloß beim Wachen eine so große Rolle spielen, währenddem der Geruch zum Beispiel beim Schlafen eine außerordentlich große Rolle spielt. Der wirkt chemisch. Und da geschieht in der Nase und im ganzen Gehirn etwas Chemisches. Aber außerdem, wenn Sie etwas hören, können Sie gleich mit Sicherheit auf das zuspringen? Das ist ja gar nicht der Fall. Das Hören ist ja nicht so, dass man sich dann so schnell orientieren kann. Also, auf das Hören kann es bei der Katze nicht ankommen. Aber was man bei der Katze ausgesprochen findet, das ist ein furchtbar feiner Geruchssinn, den sie in ihrem borstigen Bart drinnen hat. Und dieser furchtbar feine Geruchssinn ist dadurch drinnen, dass in jeder solchen Borste eigentlich ein Kanal ist, und da drinnen in der Borste ist ein Stoff, und dieser Stoff wird chemisch verändert durch die Anwesenheit der Maus. Wenn keine Maus da ist, so hat dieser Stoff chemisch eine gewisse Beschaffenheit. Ist irgendwo im Umkreis, ganz weit, eine Maus, so nimmt die Katze durch die chemische Wirkung ihres Schnauzbartes die Maus wahr. Ich habe Ihnen einmal gesagt, dass es Leute gibt, die, wenn sie oben im dritten Stock leben und unten im Keller ist irgendein Stoff, zum Beispiel Buchweizen, den Stoff wahrnehmen können und davon krank werden können. Und dass der Geruchssinn ganz sicher wirkt, davon können sich die Leute überzeugen; sonst könnte es keine Polizeihunde geben. Die erreichen mit den Augen sehr wenig, aber mit ihrem Geruchssinn sehr viel. So ist im Tierreich die Sicherheit nicht den Augen, sondern den chemischen Wirkungen zuzuschreiben; bei den ultravioletten Strahlen wirken sie am allerstärksten.

Wenn Sie einem Polizeihund eine besondere Gnade erweisen wollten, so würde es gut sein, wenn Sie zum Beispiel mit ihm gehen und ihm immer eine Blendlaterne hinhalten würden, so dass Sie ihn immer in ultravioletten Strahlen drinnen haben. Dann würde der Polizeihund noch sicherer finden, weil dann in seinen Riechhaaren – bei dem Hund sind es nämlich auch die Riechhaare – noch sicherere chemische Wirkungen auftreten würden.

Also, alles, was Sie überhaupt von Tieren wissen können, geht darauf hin, dass man, sobald man ins Tierreich kommt, von solchen bewussten Sinnen beim Tiere absehen muss, und man muss in den Geruchs- und Geschmackssinn, das heißt in die chemischen Sinne herunterkommen.

Sie meinten dann ferner, junge Bienen stechen nicht. Es ist ja aber wohl sehr erklärlich, dass junge Bienen eben noch nicht das Organ des Stechens, die ganze innere Organisation noch nicht so ausgebildet haben. Das kommt erst mit dem Älterwerden. Das ist ja nichts Besonderes und widerspricht nicht dem, was ich gesagt habe.

Herr Müller frägt über das künstliche Füttern. Er nehme vier Liter Wasser, fünf Kilo Zucker, füge noch Thymian dazu, Kamillentee und eine Prise Salz. Was das für Wirkungen haben könne?

Darüber können wir ja ganz besonders Aufschluss geben aus dem Grund, weil auf solchen Prinzipien, wie sie da instinktiv gemacht werden, zum Teil unsere Heilmittel beruhen. Nicht alle, aber eine Anzahl von unseren Heilmitteln beruht darauf.

Wenn Sie die Bienen mit Zucker füttern, so ist das ja eigentlich zunächst ein Unfug, denn die Bienen haben von der Natur aus nicht den Zucker als ihre Nahrung, sondern den Nektar und den Pollen, den Blütenstaub.

Herr Müller: Man muss zum Beispiel die Waldtracht entleeren, selbst die Brutwaben, weil die Bienen sonst die Ruhr bekommen. Und dann haben manchmal die Bienen nur zwei bis drei Kilo, das reicht nicht aus.

Die Bienen sind im Allgemeinen gewöhnt, nicht Zucker zu fressen, sondern sie sind eigentlich gewöhnt, den Honig als Nahrung zu haben. Das sind sie eigentlich gewöhnt. Das ist von ihrer Natur aus so. Nun ist das Eigentümliche, dass die Biene im Winter jede Nahrung, die sie bekommt, in eine Art von Honig verwandelt. Die Nahrung wird ja von dem Wesen, das sie aufnimmt, wieder verwandelt. Also, die Biene ist fähig, während des Winters das, was sie aufnimmt für sich, während der Verdauung in eine Art von Honig zu verwandeln. Und Sie können sich vorstellen, dass das eigentlich eine Prozedur ist, zu der eine größere Kraft gehört, als wenn man die Bienen mit Honig füttert.

Da brauchen sie die Kraft nicht aufzuwenden, in ihrem Organismus drinnen wiederum den Zucker in Honig zu verwandeln.

Was für Bienen werden denn das sein, die in ausgiebiger Weise in sich selber den Zucker in Honig verwandeln? Das werden allein die starken Bienen sein, diejenigen, die man gut brauchen kann. Schwache Bienen kann man nicht dazu bringen, den Zucker in sich selber in Honig zu verwandeln. Daher sind sie mehr oder weniger unbrauchbar. Nun aber sagte ich vorhin: Die Sache ist für uns besonders erklärlich, wenn Sie zum Beispiel Kamillentee dazunehmen, denn da nehmen Sie nämlich der Biene schon wiederum einen Teil ab von dem, was sie sonst in ihrem eigenen Körper ausführen muss. Wenn Sie den Zucker mit Kamillentee versetzen, dann ist die Substanz der Kamille dasjenige aus der Pflanze, was in der Pflanze den Honig hervorbringt. Denn die Substanz, die im Kamillentee enthalten ist, die ist ja nicht bloß in der Kamille enthalten, sondern in jeder Pflanze, die Honig in sich hat. Aber die Kamille enthält natürlich diese Substanz in stärkerem Maße, und darum kann man sie als Honigpflanze eigentlich schon wiederum gar nicht gebrauchen. Aber wenn Sie eine Pflanze haben, so ist in der Pflanze viel sogenannte Stärke drinnen. Die Stärke hat fortwährend die Tendenz, sich in Zucker zu verwandeln. Auf die Stärke wirkt nun der Kamillensaft schon in der Pflanze drinnen so, dass er den Zuckersaft in der Pflanze nach dem Honig hin dirigiert. Wenn Sie nun also dem Tier Kamillentee beibringen, dann unterstützen Sie es dadurch in der inneren Honigwirkung. Sie machen den Zucker schon ähnlich dem Honig, wenn Sie den Kamillentee beimischen.

So machen wir es auch mit unseren Heilmitteln. Wenn Sie irgendein Metall haben, kann man das dem Menschen nicht ohne weiteres beibringen, weil es wiederum herausginge mit der Verdauung, sondern man muss es mit irgend etwas versetzen, weil es dann leichter aufgenommen wird. So ist es auch mit dem Kamillentee, den Sie dem Zucker zusetzen.

Das Salz muss aus dem Grunde noch beigesetzt werden, weil das Salz überhaupt die sonst unverdaulichen Dinge verdaulich macht. Der Mensch nimmt instinktiv zu seiner Suppe und so weiter Salz, weil das Salz die Eigentümlichkeit hat, sich rasch im Körper auszudehnen und die Speisen verdaulich zu machen.

Ausgangspunkt in diesem Vortrag ist die Frage nach der Sinnesempfindung der Bienen. Rudolf Steiner bestreitet nicht, dass UV-Strahlen eine Sinnesempfindung im Tier auslösen können, er stört sich nur an der Interpretation des Experimentes dazu. Er kann nicht akzeptieren, dass den Bienen Sehen im menschlichen Sinne zugesprochen wird, weil damit eine Qualität aus dem menschlichen Erleben auf das Tier übertragen würde. Optische Reize treten beim Tier zwar auf, doch diese führen Steiner gemäß zu einer andern Sinneswahrnehmung als beim Menschen. Die beschriebenen Tiere – neben den Bienen werden zum Vergleich Katze und Hund aufgeführt – leben stark in einer Geruchs- und Geschmackswelt. Die Bienen verbringen den größten Teil ihres Lebens im dämmrigen Dunkel des Bienenstocks. Sie sind stark auf die Orientierung durch Geruchs-, Geschmacks- und Tastsinn angewiesen.

Nach heutigem Wissen verfügen die Bienen über hervorragende Fähigkeiten ihres Geruchssinns. Getestet wurde die Wahrnehmung mit Lernexperimenten. Tautz zufolge ist die Lernfähigkeit, was Duft betrifft, außerordentlich. Ein kurzer Kontakt mit einem Duft genügt, damit die Bienen ihn mit 90% Sicherheit wieder erkennen können. Nach zwei bis drei positiven Kontakten vermögen sie, den Duft fehlerfrei wieder zu erkennen. Formen und Farben erfordern mehr Training. Selbst bei der Suche nach farbigen Blüten spielt die Duftwirkung eine entscheidende Rolle. So kann man beobachten, dass die Bienen die Blüten entlang deren Duftspur gegen den Wind anfliegen.

Die Untersuchungen von Professor Karl von Frisch zeigen, dass das Farbensehen der Bienen eine gewisse Ähnlichkeit mit dem unseren hat. Der Hauptunterschied liegt in ihrer Unempfindlichkeit für Rot und ihrer außerordentlichen Empfindlichkeit für Ultraviolett. Was sie beim Anblick der Farben wirklich wahrnehmen, davon können wir uns jedoch keine Vorstellung machen. Ob Farben von den Bienen gesehen oder gespürt werden, lässt sich nicht beurteilen. Den *gespürten* Erlebniswert von Farbenwirkungen kennen wir als Menschen aber sehr wohl, er ist nicht zuletzt in unserer Symbolsprache verankert. Rot, mit seiner dem Betrachter «entgegen springenden» Art steht für Wärme, beispielsweise beim Wasserhahn, oder für Warnung und Verbot, so beim Rotlicht der Verkehrsampel oder bei Warntafeln. Blau steht für Kälte, und es löst Sehnsucht und das Gefühl von Weite aus. Rudolf Steiner spricht bei den Bienen von einem Kalt-warm-Farbempfinden, das zum Ultraviolett hin eine chemische Wirkung entfaltet, gegen das Infrarot zu als Wärme wahrgenommen wird.

Als eine andere Wahrnehmung schildert Steiner das «Aufleuchten» der heranwachsenden Königin. Es ist ein Rätsel, wie das zu verstehen ist. Er bezeichnet die drei kleinen Punktaugen am Kopf der Biene als Sinnesorgane dafür. Heute nimmt man an, dass sie damit Hell und Dunkel wahrnehmen. Diese Punktaugen sind nicht zu verwechseln mit den großen Facettenaugen. Die erwähnte Leuchtwirkung kann jedoch kaum in einem optischen Sinn verstanden werden. Sicher ist hingegen, dass das Heranwachsen von zukünftigen Königinnen im Bienenstock eine außergewöhnliche Situation darstellt, weil es den Verlust der bisherigen Volkseinheit einleitet. Denn sobald sich die ersten neuen Königinnenmaden entwickeln, ist die eine Königin, die das Organ der Einheit gebildet hat, nicht mehr allein.

Auch kann man sich gut vorstellen, dass die Einheit mit dem Bienengift zu tun haben kann, obwohl es keine Untersuchungen darüber gibt. Das Gift ist Abwehrstoff, mit dem sich das Bienenvolk gegen äußere feindliche Einflüsse verteidigt und dessen Duft einen Alarm auslöst. Die Schilderungen von Rudolf Steiner (S. 34f.) lassen vermuten, dass das Bienengift auch die Einheit nach innen festigt. Die Abnahme des Bienengiftes im Stock würde dann diese Einheit zerfallen lassen – eine notwendige Voraussetzung für die bevorstehende Teilung des Volks. Das Bienenvolk muss diese außergewöhnlichen Situationen, die in der Schwarmzeit entstehen, durch physiologische Veränderungen vorbereiten; die Bienen nehmen Vorräte auf und wappnen sich für die Herausforderung. Das Leuchten des Eies und der Made der heranwachsenden Königin wäre dann als eine Art hellsichtige Wahrnehmung zu verstehen, durch die sich die bevorstehenden Schwarmprozesse ankündigen.

Prägnant an der Wissenschaftskritik ist der Vorwurf der Vermenschlichung. «Sonst vermenschlicht man alles ...» Es ist für Rudolf Steiner unzulässig, die menschliche Sinneswahrnehmung in ein anderes Wesen hinein zu interpretieren. In Steiners Sicht hat der Mensch eine zentrale Aufgabe: seine Denkfähigkeit im wissenschaftlichen Erkennen einzusetzen. Er betont immer wieder, wie wichtig es sei, die Beziehung des menschlichen Organismus zur umgebenden Natur zu untersuchen. Durch die menschliche Erlebnis- und Erkenntnisfähigkeit können die in der Natur vorhandenen Kräftewirkungen auch im Menschen gefunden werden. Der Mensch kann folglich über die Beobachtung an sich selber die Naturkräfte nachempfinden. In den Zusammenhängen manifestieren sich die geistigen Prinzipien, nach denen die Welt aufgebaut ist, und der Mensch ist als einziges Wesen in der Lage, diesen Geist, der der Welt zugrunde liegt, aus sich heraus zu verstehen. Ein solches wahrnehmendes Erkennen ergibt eine andere Verbindung zur Welt. Es fordert ein Drinnenstehen in der Welt und nicht bloß ein neutrales, distanziertes Beobachten, Messen und Berechnen.

Wir haben gesehen, dass sich in unserem Wissen der innerste Kern der Welt auslebt. Die gesetzmäßige Harmonie, von der das Weltall beherrscht wird, kommt in der menschlichen Erkenntnis zur Erscheinung.

Es gehört somit zum Berufe des Menschen, die Grundgesetze der Welt, die sonst zwar alles Dasein beherrschen, aber nie selbst zum Dasein kommen würden, in das Gebiet der *erscheinenden* Wirklichkeit zu versetzen. Das ist das Wesen des Wissens, dass sich in ihm der in der objektiven Realität nie aufzufindende Weltengrund darstellt. Unser Erkennen ist – bildlich gesprochen – ein stetiges Hineinleben in den Weltengrund.

Grundlagen der Wissenschaft

Im Hinblick auf die weiteren Vorträge ist es hilfreich, genauer darauf einzugehen, was Rudolf Steiner unter «wissenschaftlich» versteht, wo er die Grenzen der modernen Wissenschaft erlebt, aber auch einen Blick darauf zu werfen, was für ein Verhältnis zur Wissenschaft wir heute durch unsere Schulbildung vermittelt bekommen.

Rudolf Steiner hat sich zu Beginn seines beruflichen Lebens intensiv mit den Schriften von Johann Wolfgang Goethe befasst und sich in den frühen Werken damit auseinandergesetzt. Goethes Art, an die Natur heranzugehen, Fragen zu stellen und die Erkenntnisse im künstlerischen Ausdruck wiederzugeben, hat Rudolf Steiner beeindruckt. Gerade in seinem naturwissenschaftlichen und philosophischen Vorgehen sah er einen Ansatz dazu, die Mängel der damals vorherrschenden wissenschaftlichen Auffassung auszugleichen. Kurz zusammengefasst lassen sich dabei vor allem drei Impulse erkennen:

1. Alle Dinge treten als Einheit von Geist und Materie auf. Was so als Ganzes auftritt, wird erst durch den Menschen aufgetrennt in ein Äußeres und ein Inneres. Der Mensch macht Erfahrungen durch Beobachtung und kann so die Außenseite der Dinge wahrnehmen. Die Innenseite – das Ideelle – muss er durch eigene Aktivität ergänzen.

2. Goethe fordert eine methodische Vielfalt, denn wenn man Lebensvorgänge zu erfassen sucht, kann das Vorgehen nicht dasselbe sein, wie wenn es um physikalische Gesetzmäßigkeiten geht.

3. Die Natur als Künstlerin führt die Naturvorgänge stetig weiter, aus einem inneren Potential geht eine Erscheinung hervor. In einem ähnlichen gestalterischen Prozess kann der Mensch die Gesetzmäßigkeiten durch wissenschaftliches Wahrnehmen erfassen und in eine künstlerische Form bringen.

DAS DENKEN HAT den Ideen gegenüber dieselbe Bedeutung wie das Auge dem Lichte, das Ohr dem Ton gegenüber. *Es ist Organ der Auffassung.*

Diese Ansicht ist in der Lage, zwei Dinge zu vereinigen, die man heute für völlig unvereinbar hält: empirische Methode und Idealismus als wissenschaftliche Weltansicht. Man glaubt, die Anerkennung der Ersteren habe die Abweisung des Letzteren im Gefolge. Das ist durchaus nicht richtig. Wenn man freilich die Sinne für die einzigen Auffassungsorgane einer objektiven Wirklichkeit hält, so muss man zu dieser Ansicht kommen. Denn die Sinne liefern bloß solche Zusammenhänge der Dinge, die sich auf mechanische Gesetze zurückführen lassen. Und damit wäre die mechanische Weltansicht als die einzig wahre Gestalt einer solchen gegeben. Dabei begeht man den Fehler, dass man die andern ebenso objektiven Bestandteile der Wirklichkeit, die sich auf mechanische Gesetze *nicht* zurückführen lassen, einfach übersieht. Das *objektiv* Gegebene deckt sich durchaus nicht mit dem *sinnlich* Gegebenen, wie die mechanische Weltauffassung glaubt. Das letztere ist nur die Hälfte des Gegebenen. Die andere Hälfte desselben sind die Ideen, die ebenso Gegenstand der Erfahrung sind, freilich einer höheren, deren Organ das Denken ist.

Noch stärker als zur Zeit Rudolf Steiners leben wir heute in einer Welt, welche durch eine wissenschaftliche Weltsicht geprägt ist, die sich auf das Mechanische und mathematisch Berechenbare stützt. In der modernen Biologie ist es das Wissen über die chemischen und molekularen Grundlagen, das in unvorstellbarem Ausmaß verfeinert worden ist. Wenn man sich damit befasst, kann man nur staunen darüber, wie viele Zusammenhänge da beschrieben werden. Die biochemischen Prozesse als Grundlage des Lebens sind erforscht worden, die Bedingungen der Lebensprozesse können chemisch und physikalisch verstanden werden. Doch das Leben selber ist damit nicht erklärt.

Die Qualität des Lebendigen ist ein großes Rätsel, und die Frage nach den Zusammenhängen allen Lebens bleibt ohne Antwort. Es gibt keine Forschung über die nicht reduzierbare Eigenart des Lebens, kein Suchen danach. Doch für viele Menschen ist klar, dass die heutige naturwissenschaftliche Betrachtungsweise einseitig ist und nur die eine Hälfte der Wirklichkeit zeigt, der andern jedoch ratlos gegenüber steht.

Die Evolutionstheorie nach Darwin ist ein gutes Beispiel dafür. Sie überzeugt, wie sie die Entwicklung des Lebens erklärt, denn sie liefert ein komplexes, gut ausgearbeitetes Gedankengebilde. Die Entwicklung des Lebens beruht nach ihrer Auffassung auf einem richtungslos treibenden, vom Zufall regierten Prozess. Doch bei diesem Gedanken regen sich Zweifel; wohl kann das Gesagte stimmen, als alleinige Erklärung der Ursache für die Entwicklung der heutigen Lebensformen bleibt es unbefriedigend. Es muss doch auch eine Kraft geben, welche die ganze Entwicklung lenkt. Es kann nicht alles nur auf Ursachen in der Vergangenheit beruhen, es muss doch auch solche geben, die wir im weitesten Sinne als Zweck oder Ziel bezeichnen können. Die heutige Evolutionstheorie verlangt nach einer ergänzenden Sichtweise. Die mit Darwins Evolutionstheorie verbundenen Fragen waren zu Steiners Zeit nicht minder aktuell.

Man glaubt geradezu den Charakter einer bestimmten Art aus den äußeren Verhältnissen, in denen sie gelebt, ebenso ableiten zu können, wie etwa die Erwärmung eines Körpers aus den auffallenden Sonnenstrahlen. Man vergisst vollständig, dass man jenen Charakter seinen inhaltsvollen Bestimmungen nach nie als eine Folge dieser Verhältnisse aufweisen kann. Die Verhältnisse mögen einen bestimmenden Einfluss haben, eine *erzeugende* Ursache sind sie nicht.

Rudolf Steiner hat konsequent versucht, die andere Hälfte der Wirklichkeit mit einzubeziehen. Sie ist nicht irgendwo, weit weg, sondern unmittelbar in allen Sinneserscheinungen ebenso wie in den chemischen Prozessen gegenwärtig. Wenn Steiner also viele Stoffe in ihrer geistigen Dimension beschreibt – so stellt er nur die andere Seite des Materiellen dar.

Die gewöhnliche Erfahrung ist nur die halbe Wirklichkeit. Für die Sinne ist nur diese eine Hälfte da. Die andere Hälfte ist nur für unser geistiges Auffassungsvermögen vorhanden. Der Geist erhebt die Erfahrung von einer *«Erscheinung für die Sinne»* zu seiner eigenen. Wir haben gezeigt, wie es auf diesem Felde möglich ist, sich vom Gewirkten zum Wirkenden zu erheben. Das letztere findet der *Geist*, wenn er an das Erstere herantritt.

Die Wissenschaft der modernen Zeit ist eben eine sinnliche Wissenschaft. Sie hat daher nur den Teil der Welt in ihre Weltentstehungslehre aufgenommen, der ein Ausschnitt aus der ganzen Welt ist. So wenig Ihr Körper Sie in Ihrer Ganzheit darstellt, sowenig ist die Materie die ganze Welt. So wahr in Ihrem Körper Leben, Gefühle, Gedanken, Triebe sind, die man nicht sehen kann, wenn man mit sinnlichen Augen Ihren Körper ansieht, so wahr das in Ihnen ist, so wahr ist der Geist auch in der Welt.

In den Vorträgen über das Wesen der Bienen kommt Steiner viel auf das Mineral aus Siliciumdioxid zu sprechen, den Quarz oder Kiesel. Er schildert Prozesse in der Welt, im Mineralischen, in den Pflanzen und Tieren und im Menschen. In vielen Beispielen wird der physikalisch-chemische Kiesel in seinen geistigen Qualitäten beschrieben: Es ist die Rede von Kräften, die durch die Substanz wirksam werden, und der Beziehung zum Geistigen, die durch den Kiesel geleitet wird. In diesen Vorgängen, den Lebensprozessen und Bewegungen, zeigt sich die dynamische Seite des Kiesels. Quarz ist somit tote Endstufe eines lebendigen Kieselsäureprozesses.

Diesen Schilderungen stehen wir oftmals mit Staunen gegenüber. Es fehlt uns der Zugang über das Erleben, denn eigentlich möchten wir diese geistigen Prozesse selber nachvollziehen können. Etwas nachvollziehen ist eine Grundbewegung jeder wissenschaftlichen Anschauung. Manchmal gelingt es. Schilderungen aus einem geistigen Schauen heraus können wir mitempfinden und sie in einem ähnlichen Sinne als wahr erleben, wie dies bei einem Kunstwerk möglich ist. Es wird etwas in uns angestoßen, was Wirklichkeit verbürgt. Noch schöner ist es, wenn man Erkenntnisse, die sich in einem selber schon in Ansätzen gebildet haben, überraschenderweise in einer Beschreibung wieder findet. Sehr oft schildert Rudolf Steiner Zusammenhänge aus dem Geistigen heraus. Auch wenn wir sie empfindungsmäßig als wahr erleben, so haben wir häufig nur ein geringes oder gar kein Vertrauen in die empfundene Wirklichkeit, da wir Empfindungen zumeist nicht zu einem objektiven Organ entwickelt haben. Sicherheit und Objektivität bietet uns dagegen der Intellekt, darin werden wir von klein auf geschult. Oft bleibt uns daher nur, die Angaben gedanklich, intellektuell zu verfolgen. Doch damit finden wir uns zurückgeworfen in die Welt des mechanischen Denkens, ohne bleibenden, nachvollziehbaren Zugang.

Dieser Exkurs in die wissenschaftliche Betrachtung mag zum Verständnis der Vorträge über das Wesen der Bienen beitragen. Es geht Rudolf Steiner darin beispielsweise nicht nur um die biochemischen Eigenschaften von Quarz oder Ameisensäure, sondern um zwei wichtige Naturkräfte, die für eine gesunde oder kranke Umwelt mitverantwortlich sind. Er schildert bei diesen Prozessen vor allem die andere Seite der Wirklichkeit, die innere Gesetzlichkeit, denjenigen Teil, der nur durch den Menschen erfasst werden kann. So kann man auch den Aufruf verstehen, sich dadurch ein Empfinden für die Bienen anzueignen, dass man zu erkennen sucht, was im Menschen wirkt:

Aber in alledem, was da bei den Bienen auftritt, liegen doch lauter ganz wunderbare Rätsel, und empfinden kann man die Bienen nur, wenn man viel studiert, was eigentlich zwischen dem Menschenhaupt und seinem Körper vor sich geht.

Kapitel IV: Die Wirksamkeit von Honig

Herr Müller hat mir noch eine Nummer der *Schweizerischen Bienen-Zeitung* gegeben, worin ein Artikel ist, der über die Erfahrungen mit Honigkuren handelt: «Unsere weiteren Erfahrungen mit Honigkuren im Kinderheim Frauenfelder, Amden», von Dr. Paula Emrich [Einige Stellen daraus werden verlesen.]

Es ist ganz interessant, an diesen Artikel heute ein paar Bemerkungen anzuknüpfen. Es handelt sich darum, dass in diesem Kinderheim der Versuch gemacht worden ist, die Kinder, die in irgendeiner Richtung sich als schwach ernährt erwiesen, mit Honig zu behandeln und zwar in der Weise, wie man es beschreibt, dass man Honig in einer mäßig warmen Milch auflöst, fein verteilt und dann den Kindern diesen Honig in der nicht überhitzten Milch, in Milch, die nicht bis zum Sieden gekommen ist, die unter der Siedetemperatur geblieben ist, gibt.

Sie verzeichnet da ausgezeichnete Resultate. Namentlich kann die Artikelschreiberin das erfreuliche Resultat bringen, dass der Gehalt an roten Blutkörperchen bei den Kindern in ganz außerordentlicher Weise zunimmt. So hatte sie zum Beispiel zwei Kinder, die Geschwister waren. Da hatte das Kleinere, als es in die Anstalt aufgenommen wurde, nur 53 Prozent rote Blutkörperchen. Bei der Entlassung, also, nachdem es die Honigkur durchgemacht hatte, waren die roten Blutkörperchen bis auf 82 Prozent hinaufgegangen. Das größere Kind hatte 70 Prozent rote Blutkörperchen, und wie es abgeholt worden ist, 78 Prozent. Das hat also weniger zugenommen, aber eben immerhin auch zugenommen. Das größere Kind hatte nur Milchkur gemacht und hatte unter der auch zugenommen, aber nur von 70 auf 78 Prozent, war also von vornherein nicht so schwach, aber es ist auch nicht in demselben Verhältnis stärker geworden.

Nun gibt sie noch eine ganze Anzahl von sehr interessanten Versuchen an. Und da bitte ich Sie, wenn ich diese Versuche erwähne, achtzugeben darauf, was für ein Alter die Kinder haben. Wenn man überhaupt die Wirkung irgendeiner Substanz auf den Menschen untersuchen will, so hilft es einem gar nichts, wenn man diese Versuche einfach im Laboratorium macht, sondern man muss immer auch, wie man bei jedem Kranken als Erstes das Alter feststellen muss, wenn man irgendwelche Ernährungs- oder Heilversuche macht, sogleich das Alter feststellen.

Wir haben also einen elfjährigen Knaben; der hat acht Wochen eine Honigkur durchgemacht und hat dadurch eine sehr bedeutsame Verbesserung seiner Drüsen erlangt. Auch ein Lungenspitzenkatarrh ist besser geworden, und die roten Blutkörperchen, die eigentlich bedeutsamen Teile, sind von 53 Prozent auf 75 Prozent gestiegen. Dann als zweites wiederum einen elfjährigen Knaben. Er hat eine Steigerung von 55 Prozent auf 74 Prozent. Dann ein vierzehnjähriges Mädchen hat eine Steigerung von 70 Prozent auf 88 Prozent. Die weiteren Steigerungen werde ich ihnen nicht mehr vorlesen, denn sie sind überall bedeutsam. Sie gibt dann auch noch die Gewichtszunahme an, die ebenso dafür zeugt, dass die Kinder kräftiger geworden sind. Sie gibt dann an ein zehnjähriges Mädchen, ein weiteres zehnjähriges Mädchen, einen dreizehnjährigen Knaben, ein siebenjähriges Mädchen, einen elfjährigen Knaben, einen achtjährigen Knaben, einen zwölfjährigen Knaben, einen neunjährigen Knaben und einen siebenjährigen Knaben. Die Versuche zeigen, dass Kinder in diesem Alter, also, sagen wir ungefähr im schulpflichtigen Alter, von der Honigkur außerordentlich viel haben.

Nun studiert die Verfasserin noch darüber, was die Ursache sein könnte, dass diese Kinder von der Honigkur außerordentlich viel haben. Da gibt sie etwas sehr Interessantes an. Da gibt sie etwas an, was in der alleräußersten Weise verurteilt das, was heute ja noch so vielfach in der Wissenschaft angewendet wird.

Was tut heute die Wissenschaft, wenn sie Nahrungsmittel auf ihre Ernährungskraft prüfen will? Die Wissenschaft, die zerlegt diese bestimmten Ernährungsmittel, Nahrungsmittel, und sucht, wie viele Bestandteile von dem einen oder anderen sogenannten chemischen Stoff drinnen sind. Das tut diese Wissenschaft.

Nun ist Folgendes geschehen: Ein Schüler – sagt die Verfasserin – des berühmten Physiologieprofessors Bunge, den Sie ja dem Namen nach kennen, war in Basel und machte Versuche, indem er Mäuse mit Milch fütterte. Diese Mäuse, die hatten es gut; sie entwickelten sich ganz ausgezeichnet. Sie wurden also mit Milch gefüttert. Nun aber machte er den Versuch noch auf eine andere Weise. Er sagte sich: Milch besteht aus Kasein, also Käsestoff, Fett, Zucker und Salzen. Und nun sagte er sich: Bei Milch sind die Mäuse vorzüglich gediehen; die Milch besteht aus Kasein, Fett, Zucker und Salzen; also gebe ich einer solchen Gruppe von Mäusen Kasein, Fett, Zucker und Salze. Das ist ja dasselbe, was in der Milch drinnen ist. – Und siehe da, die Mäuse, denen er Kasein, Fett und so weiter gegeben hatte, die krepierten nach ein paar Tagen! Sie haben dasselbe gekriegt, aber sie krepierten. Sie sehen: Die Zusammensetzung des Stoffes macht es nicht aus. Da muss irgend etwas anderes mitspielen – so hätten sich die Herren sagen sollen.

Aber was haben sich die Herren gesagt? Die Herren sagten sich: Stoff, das ist überhaupt alles, Stoff muss überall sein. Und wo überhaupt etwas geschieht, da muss ein Stoff da sein. – Aber die Stoffe, die da drinnen sind im Kasein, in Fett, Zucker und Salzen, ja, die machen es nicht! Da sagten sich die Herren: Es muss halt ein neuer Stoff drinnen sein, in so kleinen Mengen, dass man ihn gar nicht findet durch die chemische Untersuchung. – Und diesen Stoff nennen nun die Leute Vitamin. Vita ist Leben, also Vitamin = macht das Leben.

Heine hat einmal etwas verspotten wollen; da sagte er: Es gibt Leute, die wollen zum Beispiel erklären, woher die Armut komme. Nun, das einfachste ist ja, wenn man sagt: Die Armut kommt von der Pauvreté. – Da hat man dann ein anderes Wort, aber man hat damit nichts erklärt.

Ich war einmal in einer Gesellschaft, da wurde gesprochen davon, woher das Komische kommt, und da haben sich eine Reihe von Leuten recht schöne Gedanken darüber gemacht, woher das Komische kommt, worüber man lacht. Dann ist aber einer aufgestanden und ist schon so hingegangen zum Podium, dass man gewusst hat, der hat das Gefühl, recht viel zu sagen! Und nun hat er seine Ansicht über das Komische vorgebracht und hat gesagt: Das Komische, das kommt lediglich davon, dass der Mensch die *vis comica* hat. – *Vis comica: vis* ist Kraft, *comica* ist komisch. Der Mensch hat die komische Kraft, daher kommt das Komische. – Das ist gerade so, als wenn einer in der Volkswirtschaft sagt: Woher kommt das Geld? Das Geld kommt von der geldmachenden Kraft. – Man hat damit gar nichts erklärt.

Nun, in der Volkswirtschaft wird man sogleich bemerken, dass einer ein kurioser Kerl ist, wenn er sagt: Das Geld kommt von der geldwirkenden Kraft. Aber in der Naturwissenschaft bemerkt man das nicht, wenn einer sagt: Woher kommt die belebende Kraft in der Milch? – darauf antwortet: vom Vitamin. – Das ist geradeso wie: Die Armut kommt von der Pauvreté. – Aber man merkt nichts. Man meint, man habe eine große Sache gesagt, aber man hat gar nichts damit gesagt.

Und das ist es, was, ich möchte sagen, das Aufregende im heutigen Wissenschaftsbetrieb ist. Die Leute glauben etwas zu sagen, verkündigen das mit riesigen Worten, und die anderen Menschen glauben ihnen auch alles. Aber wenn das noch lange in der Weltgeschichte so fortgeht, so wird es dazu kommen, dass überhaupt alles verkümmern und verkommen muss. Denn die Welt hängt davon ab, dass man etwas machen kann, nicht davon, dass man über die Sachen bloß reden und Worte machen kann. Die Worte müssen dasjenige bedeuten, was wirklich da ist. Und da gab es früher wirklich eine Art von Wissenschaft, die unmittelbar mit der Praxis zusammenhing. Und heute gibt es eine Wissenschaft, die überhaupt nichts mehr von der Praxis weiß. Sie spinnt bloß noch Worte aus. Und das ist eben natürlich mit dadurch gekommen, dass eine neue Autorität zu den alten Autoritäten dazugekommen ist.

Sie müssen nur bedenken, wie kurze Zeit es erst her ist, dass es für solche speziellen Sachen nicht so viele Zeitschriften gegeben hat wie heute. Da sind eigentlich die Mitteilungen, die über so etwas gekommen sind, wie, sagen wir, die Bienenzucht, auf Bienenzüchtertagungen abgemacht worden. Das geht noch in meine Jugend zurück. Da konnte man erfahren, wie diese Dinge auf so einer Bienenzüchtertagung abgemacht worden sind. Da hat einer dem anderen das gesagt, was er aus seinen Erfahrungen wusste, und da erahnte man gleich, ob einer ein Windbeutel ist oder ob er wirkliche Erfahrungen hinter sich hat. Denn das ist etwas ganz anderes, wenn man einen reden hört. Da merkt man, ob er etwas weiß oder ob er bloß etwas nachredet. Denn die Druckerschwärze ist als eine neue Autorität vielfach zu den anderen hinzugekommen.

Und wenn etwas gedruckt ist, dann glauben die Leute, da muss etwas dahinter sein.

Aber bei diesem Artikel kommt noch etwas dazu. Diese Ärztin hat tatsächlich Segensreiches gewirkt durch ihre Honigkuren. Und dasjenige, was sie in der Praxis gemacht hat, ist etwas Ausgezeichnetes. Nun denkt sie im

Sinne der Wissenschaft darüber nach, und da kommt im Grunde gar nichts darüber heraus. Und sie sagt es auch:

«Es wäre sehr wünschenswert, wenn die Ergebnisse unserer Versuche weitesten Kreisen bekannt würden, und wenn besonders unserer heranwachsenden Jugend wieder mehr Honig verabreicht würde.» «Vorläufig stellen unsere Mitteilungen nur die Ergebnisse unserer praktischen Erfahrungen dar; aber wir zweifeln nicht, dass mit dem weiteren Ausbau der Vitaminlehre auch die Pharmakologen und Physiologen sich mit dem Problem der Honigwirkung auf den Organismus befassen werden.»

Ebenso sagt die Artikelschreiberin gleich am Anfang: «Es drängt mich, auch einmal vom ärztlichen Standpunkte aus über die Wirkungen der Honigkuren zu berichten [...]. Unsere guten Erfolge muntern direkt dazu auf, den tieferen Zusammenhängen nachzuspüren. Wenn schon ich mir bewusst bin, noch lange nicht in das innerste Wesen derselben eingedrungen zu sein, möchte ich doch jetzt schon auf Grund unserer Erfahrungen und Untersuchungsergebnisse die Punkte beleuchten, an denen meines Erachtens die weitere Forschung anzusetzen hätte.»

Also, da geht doch aus ihren eigenen Worten klar hervor, dass sie die Bescheidenheit hat, diese Ärztin, dass sie sagt: Mit der ganzen Vitaminlehre ist doch eigentlich nicht in das Wesen der Sache hineinzukommen.

Nun wollen Sie sich einmal Folgendes genau überlegen. Wir wollen jetzt einmal sehen, worauf eigentlich die Wirkung der Honigkuren beruht. Sie sehen, auch diese Versuche zeigen uns etwas. Sie zeigen uns, dass die Wirkung des Honigs ganz besonders stark ist – und das werden die Versuche immer mehr und mehr zeigen –, nicht bei ganz kleinen Kindern, sondern bei denjenigen Kindern, die entweder schon beim Zahnwechsel angekommen sind oder sehr stark über den Zahnwechsel hinaus sind. Das ist also etwas, was die Versuche selber zeigen. Das ist außerordentlich wichtig, dass man das in Betracht zieht. Aber die Versuche zeigen nämlich noch weiteres. Sie zeigen, dass bei Kindern der Honig am besten dann wirkt, wenn man ihn in eine mäßig heiße Milch gibt. Also, wenn man ein Gemisch von Honig und Milch hervorruft, dann wirkt das besonders bei Kindern.

Und wenn man nun noch weitergehen würde, so würde man namlich Folgendes finden. Man würde finden, dass der Honig auch bei kleineren Kindern eine Bedeutung schon haben kann. Dann muss man aber wenig Honig in die Milch hineingeben; mehr Milch, wenig Honig. Bei alten Leuten hilft der Honig hauptsächlich, nicht die Milch. Günstige Resultate kann man für Greise dadurch erzielen, dass man sie den Honig überhaupt ohne Milch verspeisen lässt.

Dasjenige, was man sagen muss, ist, dass Milch und Honig etwas sind, was für das menschliche Leben eine außerordentlich große Bedeutung hat. Das geht gerade aus diesen Erfahrungen hervor.

Und sehen Sie, alte Wissenschaften, das habe ich Ihnen oftmals gesagt, waren nicht so dumm, als die heutige Gelehrsamkeit meint. Alte Wissenschaften kommen manchmal in einer einfachen Weise heraus, aber sie waren eigentlich sehr gescheit, sehr weise. Und nun wissen Sie, in der alten Redensart: Das ist ein Land, wo Milch und Honig fließt – liegt ja das ausgedrückt, dass es ein gesundes Land ist, wo man gesund leben kann. Also, es wussten die Menschen der alten Zeiten, dass Milch und Honig etwas ist, was mit dem Leben ungeheuer stark zusammenhängt.

Die Natur redet manchmal auf eine sehr verständige Weise. Dasjenige, was sie ausspricht, das merkt man, wenn man nur die einfachen Sachen einfach genug nimmt. Wer weiß, dass die Natur überhaupt sehr weise wirkt, der braucht nicht viel Beweis dafür, dass die Milch mehr das ist, was für die kleinen Kinder gut ist und den Heranwachsenden. Sonst würde aus den Brüsten der Frauen Honig fließen und nicht Milch, was durchaus nicht im Bereich der Naturunmöglichkeit läge, denn die Pflanzen bringen den Honig hervor, und es könnte schon durchaus die Möglichkeit sein, dass in der Drüsenabsonderung der Frauenbrust Honig wäre. Man muss nur die Dinge einfach genug nehmen. Man muss nicht sagen: Die Natur ist eine Stümperin, und sie macht in der Frauenbrust bloß Milch und nicht Honig –, sondern man muss sagen: Dahinter liegt eben schon die Erkenntnis, dass für das kleine Kind vor allen Dingen die Milch in Betracht kommt und dass man den Honig nehmen kann, je mehr das Kind heranwächst.

Ja, aber wir können uns doch nicht bloß eine solche Vorstellung machen, die eine bloße Wortvorstellung ist, und uns sagen, die Armut kommt von der Pauvreté, das Komische von der *Vis comica* und die Belebungskraft des Honigs kommt von dem Vitamin, das drinnen ist, sondern man muss hinschauen auf das, was Wirklichkeit in dieser Beziehung ist. Und da werde ich Ihnen das Folgende sagen – wir wollen etwas zusammenstellen, was wir längst aus diesen Vorträgen schon wissen, aber es handelt sich darum, dass man die Dinge immer richtig anschauen kann.

Sehen Sie, wenn Sie ins Hochgebirge gehen, finden Sie gerade da, wo das Hochgebirge am härtesten ist, wo gewissermaßen das härteste Erdige herausschießt, Quarzkristalle. Die sind sehr schön. Sie finden überhaupt allerlei Kristalle. Erinnern Sie sich, ich habe Ihnen diese Quarzkristalle aufgezeichnet; die schauen so aus. Wenn sie ganz sind, so sind sie auch da unten abgeschlossen geradeso wie oben; aber meistens sind sie nicht ganz. Sie kommen also aus dem Gestein heraus, wachsen gewissermaßen aus dem Gestein heraus in einer solchen Form, wie ich es Ihnen da aufgezeichnet habe, wie ich es schon oft aufgezeichnet habe. Was heißt denn das? Das heißt, die Erde lässt solche

Kristalle aus sich herauswachsen, die sechseckig sind und spitz zulaufen. Also, in der Erde drinnen ist die Kraft, so etwas sechseckig zu gestalten.

Sehen Sie, im Menschen sind alle Kräfte, wie ich Ihnen immer wiederum auseinandergesetzt habe, die in der Erde und die auch im Weltenall sind. Die Erde hat diese Kraft wiederum vom Weltenall. Der Mensch hat sie von der Erde. In dem Menschen ist diese Kraft drinnen, die bei der Erde diesen Quarzkristall heraustreibt. Wie ist das da drinnen? Ja, der menschliche Körper ist nämlich voll von Quarz.

Jetzt werden Sie sagen: Donnerwetter noch einmal, was der uns da vorredet! – Der Quarz, wie man ihn oben im Gebirge bekommt, das ist einer der härtesten Körper. Daran kann man sich den Schädel anschlagen. Der Quarz bricht nie, aber der menschliche Kopf bricht natürlich dabei, wenn man das probiert und den Schädel furchtbar an Quarz anschlägt. Also, die Härte, die ist dasjenige, was das am meisten Auffallende beim Quarz ist. Aber die Körper sind nicht überall so, wie sie da oder dort uns entgegentreten. Im Menschen ist ganz dasselbe, was der Quarz ist, aber in einer mehr flüssigen Form. Warum?

Sehen Sie, man kann beobachten – und da muss man nur richtig beobachten durch richtiges inneres Schauen –, wie da fortwährend etwas herunterströmt vom Kopf in die Glieder des Menschen. Das ist sehr interessant: Wenn Sie da den menschlichen Kopf haben, dann strömt fortwährend vom Kopf herunter dasselbe, was die Erde einmal von innen nach außen hat strömen lassen und was da oben hart geworden ist und zum Beispiel als Quarzkristalle sich absetzte. Das strömte da vom Inneren der Erde heraus; und beim Menschen strömt es vom Kopf nach dem ganzen Körper. Es ist das Quarz oder Kieselsäure. Nur lässt der menschliche Körper den Quarz nicht Kristall werden. Das wäre auch eine schöne Geschichte, wenn wir da innerlich ganz ausgefüllt wären mit lauter Quarzkristall. Das täte uns gehörig weh! Bis zu dem Punkt, wo der Quarz gerade so sechseckig werden will, lässt es der Mensch kommen. Und da, da stoppt er. Da lässt er es nicht weiter dazu kommen. So dass bei uns im Körper nur der Anfang der Quarzbildung ist, und dann wird es gestoppt; aufhören muss es. Und darauf beruht ja unser Leben, dass wir fortwährend vom Kopf nach unten sechseckige Kristalle bilden wollen, es aber nicht dazu kommen lassen, sondern aufhören. Da drinnen wollen fortwährend solche Kristalle entstehen. Sie entstehen aber nicht wirklich, sie werden aufgehalten, und wir haben dann sozusagen in ganz starker Verdünnung den Quarzsaft in uns.

Hätten wir nicht den Quarzsaft in uns, dann könnten wir zum Beispiel noch so viel Zucker essen – wir hätten niemals einen süßen Geschmack im Mund. Das macht der Quarz, den wir in uns haben, aber nicht durch seine Stofflichkeit, sondern durch das, dass der Wille in ihm ist, sechseckig zu werden als Kristall. Das macht es. Darauf kommt es an.

Sie sehen also, in der Erde ist dasselbe drinnen, was nur weitergeführt wird. Der Mensch hört auf mit der Kieselsäure, wenn die anfangen will, da in ihm spießig zu werden. Die Erde lässt es bis zu der Spießigkeit nach oben kommen. Aber der Mensch braucht diese Kraft, diese Kieselsäurekraft, die die Kraft ist, sechseckige Gestaltungen hervorzubringen. Diese Kraft, sechseckige Gestaltungen hervorzubringen, die braucht der Mensch.

Ich denke mir, es sind nicht alle unter Ihnen gute Geometer. Die Geometrie ist nicht allen unter Ihnen jetzt gleich geläufig. Sie könnten vielleicht nicht jetzt gleich solch einen Quarzkristall selbst zeichnen oder aus Plastilin gestalten. Aber Ihr Körper, der ist ein guter Geometer, der will fortwährend solche Kristalle machen. Wir werden daran gehindert. Aber alles Leben besteht darinnen, dass wir das Sterben aufhalten, und wenn wir es nicht mehr aufhalten, so sterben wir eben wirklich.

Jetzt schauen wir wieder die Biene an. Die Biene fliegt aus, sammelt den Honig. Den Honig verarbeitet sie dann im eigenen Körper und macht daraus dasjenige, was ihre eigenen Lebenskräfte sind. Sie erzeugt aber ferner das Wachs. Was macht sie denn mit dem Wachs? Daraus macht sie sechseckige Zellen. Sehen Sie, die Erde macht sechseckige Kieselsäurekristalle. Die Biene macht sechseckige Zellen.

Das ist furchtbar interessant. Wenn ich Ihnen die Zellen der Biene aufzeichnen würde oder wenn Sie sich erinnern, wie sie Ihnen der Herr Müller gezeigt hat, so schauen sie so aus wie die Quarzkristalle, nur dass sie hohl sind. Der Quarz, der ist nicht hohl. Aber in der Form sind sie ganz gleich.

Ja, sehen Sie, diese Zellen sind hohl. Aber was kommt denn da hinein? Da kommt das Bienenei hinein. Wo beim Quarz die Kieselsäure drinnen ist, ist es hohl bei der Zelle, und da kommt gerade das Bienenei hinein. Die Biene wird durch dieselbe Kraft ausgebildet, die in der Erde ist und den Quarz bildet. Da wirkt die fein verteilte Kieselsäure. Da ist eine Kraft drinnen; sie kann physisch nicht nachgewiesen werden. Da wirkt durch den Bienenkörper der Honig so, dass er das Wachs in der Gestalt bilden kann, die gerade der Mensch braucht, denn der Mensch muss diese sechseckigen Räume in sich haben. Der Mensch braucht das Gleiche. Und indem die Biene dasjenige Tier ist, das am besten zunächst diese sechseckig wirkende Kraft bilden kann, ist die Biene das Tier, das aus allem, was da ist, dasjenige Nahrungsmittel sammelt, das im Leibe am besten in diese sechseckig wirkende Kraft übergeführt werden kann.

Sehen Sie, essen Sie nun Bienenhonig, dann bekommen Sie in sich eine ungeheuer stärkende Kraft. Denn wenn Sie zu schwach geworden sind, um diese Sechseckkraft, die vom Kopfe nach dem ganzen Leibe gehen muss, in sich zu entwickeln, wenn Sie nicht mehr die Kraft haben, dem Blut so viel Festigkeit zu geben, dass diese Sechseckkraft fortwährend da ist, dann muss der Honig eintreten oder beim Kinde die Milch. Das Kind hat noch nicht diese Sechseckkraft; daher muss es sie noch durch das bekommen, was im Menschen selber noch zubereitet ist an Milch.

Deshalb ist es, dass Sie noch so viel Kasein, Fett, Zucker und Salze den Mäusen zu fressen geben können – sie krepieren. Warum? Weil auch das Tier diese sechseckig wirkende Kraft braucht. Wenn man bloß Kasein, Fett, Zucker und Salze zusammenmischt, so ist diese Kraft, die in dem Sechseckigen wirkt, nicht drinnen. Wenn man den Mäusen Milch gibt, da ist sie drinnen. Nur ist sie nicht so stark drinnen, dass die Milch, wenn sie sauer wird, sechseckig kristallisiert. Wenn diese sechseckig wirkende Kraft in der Milch ein bisschen stärker wäre, dann könnten Sie nämlich saure Milch trinken, die auf der Zunge kleine Kieselsäuresalze bilden würde. Das würde so schmecken, wie wenn Sie lauter kleine Härchen in der Milch drinnen hätten. Aber bei der Milch kommt es nicht so weit, weil die Milch aus dem Menschenkörper oder Tierkörper selber stammt, und da bleibt sie flüssig. Bei dem Kind reicht es noch aus, aber bei dem erwachsenen Menschen reicht es eben nicht mehr aus. Und das Erwachsenwerden fängt ja schon in der Kindheit an. Da muss man schon mit dieser stärkeren sechseckig wirkenden Kraft kommen, die in dem Honig steckt.

Das ist sehr interessant: Wenn Sie Milch nehmen, so ist die Milch, wenn sie auch aus dem Menschen kommt, doch eigentlich animalisch, im Tierischen des Menschen. Da ist sie tierisch. Wenn Sie den Honig nehmen, so kommt der aus dem Pflanzenreich, nur auf dem Umweg durch die Biene. Er kommt aus dem Pflanzenreich, ist pflanzlich.

Wenn Sie die Kieselsäure nehmen, also den Quarz, so ist der mineralisch. Der hat ganz deutlich sechseckige Gestalt. Das Wachs, das da entsteht unter dem Einfluss der Bienennahrung in der Biene selber, das hat also Form bekommen – es ist nicht daraus entstanden, hat aber daraus seine Form bekommen –, das bildet sich aus in der sechseckigen Zelle. Die Milch, die löst die Gestalt schon wiederum auf. Da drinnen in der Milch bildet sich nur ein Schattenbild von sechseckigen Kristallen. Und so kann man sagen: Der Honig ist dasjenige, was dem Menschen am allerwillkommensten sein muss.

Nicht wahr, man könnte sich denken, dass es auch gut wäre, wenn der Mensch, statt dass er Honig isst, Kieselsäure essen würde, denn da würde er diese Sechseckkraft auch in sich bekommen. Aber die Kieselsäure hat dadurch, dass sie so weit getrieben worden ist, zur sechseckigen Gestalt zu kommen, diese Kieselsäuregestalt in sich zu formen, eine zu starke Wirkung auf den Menschen. Aber sie ist trotzdem etwas Wohltätiges.

Nehmen Sie jetzt Folgendes an. Denken Sie sich, ein armes Kind hat es nicht so gut, dass es eine solche Honigkur kriegt, wie sie hier beschrieben ist in dem Artikel, mit sechzehn oder siebzehn Jahren oder mit dreizehn oder vierzehn Jahren, wo es am besten ist; es hat es nicht so gut, bekommt seine Eisenkörperchen im Blute immer schwächer und schwächer. Der Prozentgehalt im Blute geht immer mehr und mehr herunter. Das Kind wächst heran, wird, sagen wir, dreißig Jahre alt, ist arm und ist ein sehr schwacher Mensch geworden. Die Artikelschreiberin schildert ja das auch, indem sie sagt: Sie klappen zusammen. Jetzt hat man es zu tun mit einem Menschen, der inzwischen dreißig Jahre alt geworden ist. Da könnte man ja ganz gut eine Honigkur anwenden, aber der Mensch ist schon zu ausgemergelt. Er müsste so viel Honig genießen, wenn es ihm helfen sollte, dass ihm wiederum durch den

Honig der Magen verdorben würde. Denn der Honig ist nämlich zu gleicher Zeit etwas, was den Menschen zur Mäßigkeit anstiftet. Wenn man zu viel Honig isst, dann verdirbt man sich den Magen.

Das beruht auf einer einfachen Sache. Der Honig ist süß, enthält sehr viel Zucker. Der Magen braucht aber vorzugsweise Säure, und wenn Sie in den Magen zu viel Süßes hineinbringen, so verderben Sie die Säurewirkung. Also kurz, der Honig, der will nur in einer bescheidenen Menge aufgenommen werden. So dass, wenn ein Mensch schon so ausgemergelt ist im dreißigsten Jahre, man ihm so viel Honig geben müsste, wenn ihm die Honigkur helfen sollte – das würde sie ohne weiteres –, er zugleich zunächst Magenverstimmungen kriegen würde und er dann darmkrank werden würde. Das kann man also nicht.

Aber man kann etwas anderes tun. Man kann dem Menschen zuerst stark verdünnten, gepulverten Quarz, das ist Kieselsäure, als Heilmittel geben. Und wenn man ihm als Heilmittel stark verdünnte Kieselsäure gibt, dann wird er dadurch fähig, nach einiger Zeit die Wohltat von kleinen Honigmengen haben zu können. Die stark verdünnte Kieselsäure hat in ihm dann die Kraft hervorgerufen, sechseckig zu wirken, und dann kann eine geringere Menge von Honig nachkommen. Die Kieselsäure kann der Wegmacher für den Honig sein.

Man kann es auch so machen, dass man für einen solchen Menschen, der dreißig Jahre alt geworden und ausgemergelt worden ist in Bezug auf den Hämoglobingehalt, in den Honig hinein, beim erwachsenen Menschen also – während man bei den Kindern gut tut, viel Milch zu geben –, etwas ganz stark verdünnte Kieselsäure gibt. Dann wirkt der Honig auf den Menschen.

Sie sehen, alle diese Zusammenhänge muss man wissen. So dass man sagen kann: Was wirkt denn eigentlich vom Honig aus auf den Menschen? Vom Honig aus wirkt auf den Menschen diese sechseckig bildende Kraft. Die ist in der Biene drinnen. Das kann man an ihren Wachszellen anschauen. Und dadurch ist der Honig eben von solcher Wohltat. Deshalb ist es richtig, was ich Ihnen erwähnt habe: dass beim Kinde vorzugsweise die Milchkraft wirkt, aber man kann sie verstärken durch den Honig, und dass beim Erwachsenen vorzugsweise die Honigkraft wirkt. Aber wenn der Mensch schon älter geworden ist, muss man diese Honigkraft durch die Quarzkraft verstärken, wie ich es Ihnen gesagt habe. Es kann aber immer noch helfen, weil ja die Kräfte der ersten Kindheit noch in ihm sind, eine Honig-Milchkur. Eine bloße Honigkur kann ihm auch helfen. Die Wohltat der Honigkur bleibt ganz unbestritten.

Das weiß die Praxis nämlich sehr gut, und man müsste sich nur dadurch, dass man diese Dinge den Leuten recht klar macht, darauf verlegen, eben gerade immer die richtigen Honigmengen im Handel zu haben. Und da sind die Menschen nun sehr geneigt, sich betrügen zu lassen, ich meine jetzt nicht im gewöhnlichen kriminellen Sinne, sondern, ich möchte sagen, durch die Kulturverhältnisse sich betrügen zu lassen. Wenn Sie irgendwo hingegangen sind auf Reisen in die Hotels und haben Honig verlangt, da war das dann oftmals kein Honig, dann war das Zuckerhonig, also doch etwas, was künstlich erzeugt war! Ja, hätten die Leute gewusst, dass das nicht dasselbe ist, dass da keine Rede davon ist, dass diese sechseckig wirkende Kraft da ist, dann hätten sie sich nicht vorgemacht, dass dieser nachgemachte Honig ebenso wirkt wie der Bienenhonig. Mit Bienenhonig könnten Sie natürlich auch die Mäuse füttern. Er würde ihnen sehr gut schmecken. Aber von diesem künstlichen Honig würden sie auch sehr bald zugrunde gehen, wenn auch nicht in ein paar Tagen.

Das ist etwas, was ich in Bezug auf den Artikel über Honig-Milchkuren sagen möchte.

Nun ist mir noch eine interessante Sache zugekommen, über die ich auch sprechen und hören möchte, was Sie selber dazu zu sagen haben, und was Ihnen auch Herr Müller dazu zu sagen hat. Sie werden sehen, es kommen so viele Fragen in Betracht, dass es schon der Mühe wert ist, dass wir das nächste Mal noch einmal darüber diskutieren. Sie können dann Ihre Fragen stellen und Herr Müller oder ich selber werden antworten. Ich will jetzt nur noch kurz auf zwei Dinge eingehen. Es wird Ihnen etwas sonderbar vorkommen, aber ich bin eigentlich gespannt darauf, was Sie dazu sagen werden.

Der vorgelesene Artikel befasst sich mit der Wirkung von Honig-Milch Kuren auf Kinder. Daran schließt die Frage an, was denn die Wirkung ausmacht. Als Beispiel für eine falsch verstandene Ursache nennt Rudolf Steiner die Vitamine. Der Gegensatz seiner Betrachtung zu dieser Auffassung könnte nicht größer sein. In ihrer 1910 begonnenen Suche nach den Vitaminen befand sich die damalige wissenschaftliche Forschung auf ihrem Höhepunkt. Es handelt sich bei den Vitaminen um Substanzen, die für das Leben notwendig sind, aber vom Körper nicht hergestellt werden können. Der Begriff setzt sich zusammen aus lateinisch *vita* (Leben) und Aminen (Stickstoffverbindungen). Rudolf Steiner sucht dagegen nach dem wirklichen Leben, derjenigen Vita, die seinen Äußerungen zufolge durch die Honigwirkung erhalten wird.

Dass man mit der analytischen Suche nach reinen Wirkstoffen in Bezug auf die gesundheitlichen Qualitäten der Bienenprodukte nicht weiterkommt, ist inzwischen bekannt. Die Heilwirkung der Bienenprodukte beruht auf dem Zusammenwirken von verschiedenen aktiven Substanzen. Sie hat zu einem neuen Zweig in der modernen Medizin geführt, der Apitherapie (von lateinisch *apis*, Biene). Die Apitherapie kennt eine längere Forschungstradition vor allem in den osteuropäischen Ländern und in China. Inzwischen stößt sie auch in Westeuropa zunehmend auf Interesse. Das Bienenvolk bietet sechs Produkte, die sich alle in dieser therapeutischen Richtung bewährt haben. Neben dem Honig sind es der ebenfalls vom Bienenvolk gesammelte Pollen, das Kittharz Propolis, das Bienenwachs, das Gelée Royale – der Futtersaft, mit der Königinnen aufgezogen werden – und das Bienengift, dessen medizinischer Einsatz auch in den nachfolgenden Vorträgen Steiners zur Sprache kommt.

Im vorliegenden Vortrag geht es um die Wirksamkeit von Honig. Diese wird zuerst anhand von Versuchen mit Kindern geschildert. Steiner erklärt darauf den Prozess der Kieselsäure im Körper. Seine Hinweise auf die Sechseckkraft und ihre Wirkung auf den Menschen sind nicht einfach zu verstehen. Denn es ist schwierig, diesen Kieselsäureprozess im Beobachten und Erleben zu erfassen. Das häufige Auftreten dieses Themas weist jedoch darauf hin, dass die Sechseckkräfte ein zentrales Anliegen der Vorträge bilden. Vielleicht können ergänzende Passagen aus anderen Vorträgen dazu beitragen, diesem Bild der Kieselsäurekräfte klarere Konturen zu verleihen.

Die Biene holt nämlich aus der Blume dasjenige heraus, was einstmals da war, um die sechseckigen Quarzkristalle zu machen. Das holt die Biene aus der Blume heraus und macht durch ihren eigenen Körper Nachbildungen der Quarzkristalle. Da geht zwischen der Biene und der Blume etwas Ähnliches vor wie das, was einstmals draußen im Makrokosmos vorgegangen ist.

Die Nektarbildung in der Pflanze ist eng verbunden mit Licht und Wärme. Die gebildeten Zuckerarten sind ganz frisch durch den Prozess der Fotosynthese aus Luft, Licht und Wasser entstanden. Der Nektar ist damit eine Substanz, die noch kaum irdisch ist und entsprechend die Tendenz hat, sich rasch wieder zu verflüchtigen. Das Bienenvolk vermag nun, diese Qualität einzusammeln und für sein Leben nutzbar zu machen. Der Nektar, der aus der Blüte kommt, wird bei der Verarbeitung durch die Bienen mit körpereigenen Stoffen angereichert und haltbar gemacht. Dank dieser Umarbeitung kann das Bienenvolk seinen Wabenkörper aus Wachs aufbauen. Dazu eine Bemerkung aus der neueren Forschung: Jürgen Tautz zufolge werden die Sechseckzellen von den Bienen nicht aus Erfahrung oder durch Intelligenz gestaltet. Die Fähigkeit zur Sechseckbildung ist vielmehr im Wachs selber veranlagt. Durch die Wärmebildung, die beim Bau der Waben nötig ist, nimmt das Wachs die Sechseckform unmittelbar an. Aus dem Bienenkörper tritt folglich eine Substanz aus, die die Fähigkeit zur Sechseckkraft bereits in sich trägt. Die sechseckigen Zellen sind wiederum die Brutwiege für die neuen Bienengenerationen und auch Aufbereitungs- und Lagergefäss für den Honig. So wird die enge Verbindung von Bienenvolk und Sechseckkraft auf verschiedenen Ebenen ersichtlich.

Was da überhaupt wirkt in dem Bienenstock zwischen der Erzeugung des Bienengiftes mit der Bienennahrung und alledem, was die Biene aufnimmt, und dem, was dann die Wachszellen der Waben sind, das ist nicht für die einzelne Biene, aber für den ganzen Bienenstock wunderbar ähnlich den organischen Vorgängen im menschlichen Organismus. Nämlich wenn man die Bienen verfolgt von da an, wo sie auf die Blumen sitzen, bis da, wo sie zum

Stock zurückkommen und die Produkte, die sie mitbringen, absondern und dann die Zellen verfertigen, so hat man eine Tätigkeit des Bienenstocks, die wirklich innerlich ichmäßig, astralmäßig, äthermäßig ganz ähnlich dem ist, was geschieht zwischen den Vorgängen, die innerlich im Gehirn vor sich gehen, wenn ein Mensch wahrnimmt, dann in die Wahrnehmungskräfte Substanzen hereinnimmt und bis in die Gestaltung, in diese merkwürdige Gestaltung der Knochenzellen hineingeht. Man sieht in den Bienenwaben etwas Weichgebliebenes, anders Gebliebenes, als in dem zu Knochenzellen Gewordenem, und man sieht in dem Sitzen der Biene auf der Blume die menschliche Wahrnehmung. So dass tatsächlich der ganze menschliche Organismus in seiner Tätigkeit eingeschlossen ist in dem, was zwischen dem Saugen der Bienen auf der Blume und dem Herstellen der Wachszellen liegt.

Hier ist der Kieselsäureprozess aus einer etwas andern Perspektive geschildert. Der Mensch nimmt wahr. Steiner macht nun aufmerksam, dass dieser Vorgang bei den Bienen Parallelen darin hat, dass sie etwas Leichtes, fast Substanzloses aus den Blüten gewinnen. Wie in der Wahrnehmung wird dabei aus der Umwelt etwas aufgenommen, umgewandelt und weiterverarbeitet. Bei den Bienen entstehen so die sechseckigen Wabenzellen. Beim Menschen wird ein erstaunlicher Prozess geschildert: In die Wahrnehmungskräfte werden Substanzen hereingenommen und diese wiederum in den Knochen abgelagert.

Die Kieselsäure trägt ihre Wirkungen durch die Stoffwechselwege bis in diejenigen Partien des menschlichen Organismus, in denen das Lebendige zum Leblosen wird. Sie findet sich im Blute, durch das hindurch die Gestaltungskräfte ihren Weg nehmen müssen; und sie kommt in den Haaren vor, also dort, wo sich die Gestaltung nach außen abschließt; man trifft sie in den Knochen, in denen die Gestaltung nach innen ihr Ende findet. Sie erscheint im Harn als Absonderungsprodukt.

Sie bildet die physische Grundlage der Ich-Organisation. Denn diese wirkt gestaltend. Diese Ich-Organisation braucht den Kieselsäureprozess bis in diejenigen Teile des Organismus hinein, in denen die Gestaltung, die Formgebung an die äußere und innere (unbewusste) Welt grenzt. In dem Umkreis des Organismus, wo die Haare die Kieselsäure tragen, wird die menschliche Organisation an die unbewusste Außenwelt angeschlossen. In den Knochen wird diese Organisation an die unbewusste Innenwelt angeschlossen, in der der Wille wirkt.

Zwischen den beiden Wirkungsfeldern der Kieselsäure muss sich im gesunden menschlichen Organismus die physische Grundlage des Bewusstseins entfalten. Die Kieselsäure hat eine zweifache Aufgabe. Sie setzt im Innern den bloßen Wachstums-, Ernährungs- etc. -vorgängen eine Grenze. Und sie schließt nach außen die bloßen Naturwirkungen von dem Innern des Organismus ab, so dass dieser innerhalb seines Bereiches nicht die Naturwirkungen zur Fortsetzung bringen muss, sondern seine eigenen entfalten kann.

Annäherung

Im Vortragszyklus über das Wesen der Bienen werden verschiedene Prozesse geschildert. Eine Übersicht hilft, die beschriebenen Prozesse einzuordnen.

Der Kleesäureprozess gehört zum ätherischen Leben, er ist der Hauptprozess in der Pflanze. Der Ameisensäureprozess und der Kohlensäureprozess werden vom ätherischen und astralen Leben der Tiere und des Menschen gelenkt.

Der Kieselsäureprozess wird von der Ich-Organisation des Menschen beherrscht. Er ist immer nah am Mineralischen, an der Ausbildung zum Sechseck, am Festwerden. Darin zeigt sich eine Tendenz zum Physischen, ja zum Leblosen. Nach den vorliegenden Schilderungen ist er zentral für die Süßebildung, was möglicherweise mit der oben beschriebenen Grenze der Süße zum Substanzlosen zusammenhängt, ihrer frischen Entstehung und leichten Abbaubarkeit.

Der Bezug der Kieselsäure zum Geistigen wird in der folgenden Passage dargestellt.

Diese Kieselsäure stellt einen unendlich wichtigen Bestandteil unserer Erde dar. Aber für denjenigen, der so, wie ich es angedeutet habe, die Dinge auch geistig durchschauen kann, ist alles dasjenige, was sich in allem Quarz, in allem Kieseligen darstellt, zugleich die äußere Offenbarung eines Geistigen.

Da wird der heutige Mensch noch rebellischer, als er wird, wenn man ihm beim Menschen vom Geiste redet. Beim Menschen lässt er sich es manchmal gefallen. Wenn man ihm aber von der Natur spricht, dass überall, wo ein Naturwesen sitzt, auch Geist drinnensitzt in dem Naturwesen: Das lässt er sich nicht gefallen! Denn da will er sich überall mit der physischen Natur Genüge tun. Aber es ist nicht so. Es ist ein ganz gewaltiger Unterschied, wenn wir Kieselsäure unter uns haben und sie geistig durchschauen, zum Beispiel Quarzkristall oder auch ganz feine Kieselsäure, oder wenn wir Kohlensäuregas durchschauen mit dem trainierten Bewusstsein. Man ist eben heute gewöhnt, die gewöhnlichen physischen Merkmale gelten zu lassen: Kohlensäure ist Carbo, Kohlenstoff, und Oxygen, Sauerstoff; Kieselsäure ist Silicium und Sauerstoff, und man beurteilt Sauerstoff und Kiesel nach den Eigenschaften, die sie in der Retorte zeigen, die man sonst nach Reaktionen im chemischen Laboratorium beobachten kann. Ebenso Kohlenstoff und Sauerstoff.

Aber zu alledem kommt Geistiges. Und das ist nun so, dass [...] diese kieselige Substanz allem Geistigen einen freien Weg gibt. Die Kieselsäuresubstanz lässt alles Geistige der Welt, das in der Welt webt und lebt, immer durch sich durchgehen.

Das ist das Merkwürdige, wenn man einen Quarzkristall vor sich hat: Er ist wie eine Durchgangsstation für das Geistige. Es sind ja um die Erde herum achtundzwanzig Prozent der Gesamtsubstanz Kieselsäure und durch alles, was im Kieselsäureprozess ist, geht das Geistige durch, wie eben das Licht durch etwas Durchsichtiges durchgeht. Aber der Bergkristall Quarz kommt ja auch im sogenannten Undurchsichtigen vor als sogenannter Rauchtopas; trotzdem das Licht nicht durchgeht, geht alles Geistige durch.

Also, wir haben es zu tun in der Natur mit solchen Stoffen, die einfach für den Geist durchlässig sind. Sie sind Träger des Geistes. Geist ist in ihnen, sie nehmen ihn überall auf, halten ihn nirgends zurück zugleich. Sie sind die wahren Durchgangsstationen für den Geist.

SCHRIFTLICHE FRAGE: In altbäuerischen Imkerkreisen ist man davon überzeugt, dass zwischen dem Bienenvater und seinen Pfleglingen gewisse seelische Beziehungen bestehen. So sagt man: Wenn der Bienenvater stirbt, so muss sein Tod sofort jedem Bienenvolk angezeigt werden. Unterbleibt diese Anzeige, so sterben sämtliche Völker im Laufe des nächsten Jahres. Dass ein gewisser Seelenrapport zwischen beiden besteht, deutet die Erfahrungstatsache an, dass, wenn man in einer ärgerlichen oder zornigen Seelenstimmung eine Arbeit an den Bienen vornehmen will, man viel mehr von den Bienen verstochen wird, als wenn man dieselbe Arbeit in einer ruhigen, harmonischen Seelenstimmung ausführt. Kann der vorangeführten Ansicht alter Imker etwas Tatsächliches zugrunde liegen?

Nun wäre es ja interessant, wenn uns Herr Müller in einfacher Weise sagen würde, ob er solche Sachen für ganz aus der Luft gegriffen hält. Solche Dinge sind bei den bäuerlichen Bienenzüchtern im Gebrauche, dass sie den Tod anzeigen, nicht wahr. Aber diesen Seelenrapport, diese Beziehung zwischen dem Bienenvater und den Bienen, den meine ich jetzt. Darüber könnte Herr Müller vielleicht etwas sagen.

Herr Müller erzählt von zwei Fällen in Basel und Zürich in Bezug auf solche Dinge. In einer Familie war die Frau gestorben, die sehr viel an den Bienen mitgearbeitet hatte, und in der Zeit von einem Jahre sind sämtliche Bienenvölker eingegangen. Ein anderer Fall, der in Basel eingetreten ist, wo auch eine Frau gestorben ist, die sich sehr viel der Bienen angenommen hatte, zeigte genau dasselbe. Es war ein großer Stand; in der Zeit von einem Jahre war der Stand von achtundzwanzig Völkern auf sechs Völker reduziert. Wie das mit der Zeit an und für sich zusammenhängt oder auch mit den Bienen, das kann man sich nicht erklären. Man kann in dem einen Fall nicht nachweisen, dass die Bienen irgendeine Krankheit gehabt haben; vielleicht war es eine seelische Beziehung.

Wollen wir uns einmal an etwas erinnern, was ich Ihnen von der Beziehung des Menschen zu den Tieren auch einmal gesagt habe. Sie werden vielleicht gehört haben, ich habe es Ihnen auch schon erwähnt: Vor einiger Zeit war viel die Rede von sogenannten rechnenden Pferden, Pferden, welche also die Frage gekriegt haben zum Beispiel: Wie viel ist vier und fünf. Dann zählte man: eins, zwei, drei, vier, fünf, sechs, sieben, acht, neun – das Pferd stampfte auf mit dem Fuß. Nicht unbeträchtliche solcher Rechnungen haben die Pferde gemacht. Sie haben vielleicht gehört, dass ganz besonders die Elberfelder rechnenden Pferde berühmt geworden sind. Kommissionen sind da hingereist und haben die Sache untersucht und so weiter. Ich habe die Elberfelder Pferde nicht selbst gesehen, aber ich habe ein anderes Pferd, das sogenannte rechnende Pferd des Herrn von Osten gesehen, das ebenso gut rechnen konnte. Und daran konnte man sich eine ganz genaue Ansicht bilden, was da eigentlich zugrunde liegt.

Die Menschen haben sich ja sehr den Kopf zerbrochen über diese rechnenden Pferde. Es ist ja auch etwas ganz Schreckliches im Grunde genommen, dass da plötzlich die Pferde anfangen sollten zu rechnen. Und sie rechneten so fix, dass die Rechenmaschine wirklich schon fast zuschanden kam dabei. Nun, wenn das in die Pädagogik überginge und man da die Pferde rechnen lehren könnte, das könnte eine wilde Konkurrenz werden für die Buchhalter und für die Leute, die zum Rechnen angestellt werden! Es ist also natürlich eine schlimme Geschichte mit den rechnenden Pferden.

Aber gerade die Wissenschaft hat sich bei diesen rechnenden Pferden in einer unglaublichen Weise blamiert. Darauf kann man ja leicht kommen: Wirklich rechnen kann ja natürlich das Pferd nicht, und man muss suchen, wie es kommt, dass das Pferd bei neun stampft. Es ist natürlich eine vollständige Idiotie zu glauben, das Pferd könne rechnen. Das hat auch der Privatdozent Pfungst, der sich gelehrt mit der Sache beschäftigt hat, gewusst, dass das Pferd nicht rechnen kann. Aber er hat eine Theorie aufgestellt. Er sagte: Dieser Herr von Osten macht jedes Mal, wenn er zählt, eine kleine Miene im Gesicht, und die Linien im Gesicht, diese Miene, beobachtet das Pferd. Und auf die Miene hin stampft es. – Nun hat er sich gleich den Einwand gemacht: Ja, aber dann müsste er sich ja eigentlich hinstellen und den Herrn von Osten ansehen und auf die Miene aufpassen, die das Pferd bemerkt, um zu stampfen. Da hat er sich auch hingestellt, aber nichts gesehen. Da wurde er nicht irre an seiner Theorie, sondern da sagte er: Die Miene ist so kleinwinzig, dass ich sie nicht sehen kann, aber das Pferd kann sie sehen. – Nun, daraus folgt, dass ein Ross mehr sehen kann als ein Privatdozent. Sonst folgt gar nichts daraus.

Aber so lag die Sache nicht. Wenn man nun geisteswissenschaftlich geschult ist und sich die Sache anschaute, dann legte man nicht den Wert auf irgendeine kleine Miene, sondern die Sache verlief so: Da stand auf der einen Seite das Pferd, da stand der Herr von Osten und hatte ein bisschen das Pferd am Zügel. Und in der rechten Rocktasche hatte der Herr von Osten lauter kleine Zuckerstückchen. Und nun gab der Herr von Osten dem Pferd fortwährend kleine Zuckerstückchen. Das leckte daran und fand es süß und liebte den Herrn von Osten sehr. Immer mehr liebte es ihn mit den Zuckerstückchen dann, und dadurch bildete sich eine herzliche Beziehung zwischen dem Pferd und dem Herrn von Osten. Und Herr von Osten brauchte nicht eine kleine Miene zu machen, sondern brauchte bloß zu denken: Bei neun stimmt die Sache – dann spürte das das Pferd, weil die Tiere eine viel feinere Empfindung haben für das, was um sie herum vorgeht. Sie spüren, was da im Kopfe vorgeht, wenn es auch gar nicht zu einer kleinen Miene kommt, die ein Ross sehen könnte und ein Mensch nicht; das Pferd spürt, was vorgeht im Gehirn, wenn er denkt: neun; dabei stampft das Pferd. Hätte das Pferd nicht den Zucker bekommen, dann hätte sich die Liebe beim Pferd ein bisschen in Hass verwandelt, und da hätte es nicht mehr gestampft.

Also, sehen Sie, beim Tier ist eine feine, feine Empfindung vorhanden für Dinge, aber nicht für kleine Mienen, sondern für Dinge, die tatsächlich nicht sichtbar sind, also bei dem Pferd Hans für das, was im Inneren des Gehirnes des Herrn von Osten vorgeht. Solche Dinge muss man eben beobachten; dann weiß man, dass in der Tat die Tiere wunderbar fühlen.

Denken Sie sich einmal, Sie gehen in einen Bienenschwarm hinein und haben eine heillose Angst. Ja, das fühlen die Bienen, dass Sie Angst haben; das ist nicht zu leugnen. Was heißt denn das: Sie haben Angst? – Sie wissen: Wenn man Angst hat, dann wird man blass. Bei der Angst wird man blass. Und wenn man blass wird, geht das Blut zurück. Es geht nicht nach außen in die Haut herein. Wenn die Biene nun herankommt an einen Menschen, der Angst hat, dann spürt die Biene im Menschen mehr als sonst, wenn das Blut drinnen wäre in der Haut, diese sechseckig wirkende Kraft und möchte gerade den Honig oder Wachs gewinnen von Ihnen. Währenddem, wenn der Mensch gleichmütig vorgeht und sein Blut gleichmäßig durch die Adern fließen hat, da merkt die Biene etwas ganz anderes. Da merkt sie, dass das Blut diese selbe sechseckig wirkende Kraft hat.

Nun denken Sie sich, wenn der Mensch zornig ist, im Zorn unter die Bienen geht: Ja, der Zorn macht Sie rot. Da kommt gerade viel Blut hin; das Blut will die sechseckig wirkende Kraft aufnehmen. Die Biene merkt das in ihrem feinen Gefühl und glaubt, Sie wollen sie ihr wegnehmen, diese Kraft, und sticht Sie. Das sind eben feine Empfindungen für Naturkräfte, die da spielen, die da drinnen sind.

Und dazu kommt dann die Gewöhnung. Denken Sie sich: Ein Bienenvater, der geht ja für die Bienen nicht bloß so wie sonst ein Mensch zum Bienenstock hin, sondern die Bienen fühlen – wenn ich mich des Ausdrucks bedienen darf – die ganze Ausdünstung, sie fühlen, wie der beschaffen ist. Daran gewöhnen sich die Bienen. Stirbt er, so müssen sie sich umgewöhnen. Und das bedeutet für die Bienen außerordentlich viel. Denken Sie doch nur einmal, was Sie selbst bei Hunden finden: Wenn der Herr starb – das hat es schon gegeben –, sind sie aufs Grab gegangen und dort gestorben, weil sie sich nicht an einen anderen Herrn gewöhnen konnten. Also, warum soll man bei den Bienen, die doch einen solchen feinen chemischen Sinn haben, nicht voraussetzen können, dass sie alles wahrnehmen, dass sie sich an den Bienenvater so gewöhnen, dass sie sich nicht gleich wieder umgewöhnen können an einen anderen? Es liegt also durchaus etwas Bedeutsames zugrunde.

Aber Sie können sagen: Ist denn das bei Hunden und Pferden ebenso wie bei diesen kleinen winzigen Tieren, den Insekten? – Nun, Sie werden vielleicht dieses nicht beobachtet haben, aber es ist dennoch wahr: Man findet Menschen, die haben, wie man sagt, eine besonders glückliche Hand im Blumenaufziehen. Alles gedeiht ihnen, wenn sie einen Blumenstock haben und Pflanzen und so weiter. Ein anderer pflegt ihn ebenso – es wird nichts. Das ist die Ausdünstung, die der Mensch hat, die von dem einen Menschen günstig auf die Blumen wirkt, bei anderen ungünstig. Bei manchen geht es gar nicht, dass sie Blumen ziehen. Und das Ungünstig-Wirken geschieht vorzugsweise gerade auf die Kraft in der Blume, die den Honig erzeugt, auf die Kraft, die die Blume versüßt. Und so kann man sagen: Sogar auf die Blumen wirkt der Mensch, und er wirkt im eminentesten Sinne gerade auf die Bienen.

Man braucht sich also darüber nicht zu wundern, sondern man muss nur die Tatsachen, die sich ergeben, zusammenhalten; dann wird man schon sehen, dass die Sachen wirklich so sein können. Man wird auch in der Praxis darauf Rücksicht nehmen können.

Zweite Frage: Nach einer alten Bauernregel heißt es: Wenn es am 3. Mai, der Kreuzauffindung, regnet, so wasche es den Honig aus den Blüten und von den Bäumen, so dass es in dem betreffenden Jahre keinen Honigertrag gibt. Meine Beobachtungen während der letzten vier Jahre scheinen darzutun, dass an dieser Regel etwas Wahres ist. Ist so etwas überhaupt möglich?

Ja, das ist etwas, was uns ganz tief in Naturwirkungen hineinführt. Sehen Sie, dass es just der Kreuzauffindungstag ist, dass es just der 3. Mai ist, das ist von einer geringeren Bedeutung. Aber es kommt darauf an, dass es diese Jahreszeit ist, die vorzugsweise in diesen Tagen tätig ist. Was bedeutet denn das, dass es in dieser Zeit, Anfang Mai, regnet? Ich habe Ihnen einmal gesagt, dass der Frühlingsanfangspunkt jetzt im Sternbild der Fische ist. Im Sternbild der Fische bleibt die Sonne bis ungefähr zum 23. April. Dann kommt die Sonne beim Umgang in das Sternbild des Widders. Die Sonnenstrahlen kommen also Anfang Mai aus einer ganz anderen Weltecke heraus als zu anderen Zeiten. Nehmen Sie also an, Anfang Mai, also am 3. Mai, ist es schön, sagen wir. Was bedeutet das?

Das bedeutet: Am 3. Mai hat die Sonne eine starke Kraft über alles Irdische. Alles, was auf der Erde vor sich geht, geht unter der Sonnenkraft vor sich, wenn es schön ist. Was bedeutet es nun, wenn es am 3. Mai, also Anfang Mai, regnet? Das bedeutet: Die Erde hat die höchste Kraft und vertreibt die Sonnenwirkung.

Das alles hat aber eine ungeheure Bedeutung für das ganze Pflanzenwachstum. Wenn die Sonnenkraft gerade dann, wenn die Sonnenstrahlen aus der Widdergegend herkommen, so wirken kann, dass sie ihre ganze Gewalt auf die Blumen verlegen kann, dann entwickeln die Blumen diese süße Substanz, die im Honig zum Vorschein kommt. Dann finden die Bienen Honig. Wenn aber die Erde die höhere Gewalt hat, wenn Regen ist zu dieser Zeit, dann können die Blumen sich nicht unter den Sonnenstrahlen entwickeln, die vom Widder hereinkommen, sondern müssen auf Späteres warten oder werden überhaupt unterbrochen in dem, was sie schon entwickelt haben. Da entwickeln die Blumen nicht ordentlich Honig und dann finden die Bienen keinen Honig.

Gerade so etwas wird einem erklärlich, wenn man weiß, dass alles dasjenige, was auf Erden vorgeht, wie ich es Ihnen immer wieder gesagt habe, unter dem Einfluss des Weltenalls steht, desjenigen, was außerhalb der Erde ist. Regen bedeutet eben, dass die Sonnenkraft vertrieben wird. Schönes Wetter bedeutet, dass die Sonnenkraft ihre volle Gewalt entfalten kann. Und es kommt darauf an, nicht dass die Sonnenkraft im Allgemeinen kommt, sondern dass die Sonnenkraft gerade just aus der Ecke heraus kommt, nicht wo wir jetzt hinschauen, sondern gerade da vom Widder her. Aus jeder Ecke kommt die Sonnenkraft wieder anders. Die Sonne allein macht es nicht, sondern das macht es, dass die Sonne von vorne scheint auf die Erde und da hinten im Weltenall der Widder steht. Das, was der Widder der Sonne gibt, das nimmt sie erst auf, und dann gibt sie es weiter als Sonnenstrahlen. Das ist etwas ganz anderes, ob im Anfang des Mai oder am Ende des Mai die Sonne ihre Strahlen auf die Erde schickt. Zu Anfang Mai wirkt eben noch die volle Kraft des Widders. Am Ende des Mai wirkt schon die Stierkraft. Da kommt dann dasjenige, was nicht mehr mit derselben Kraft auf die Pflanzen wirken kann, was die Pflanzen verhärtet, vertrocknet, was namentlich bewirkt, dass sich nicht mehr diese Kraft der Honigbildung in den Pflanzen bilden kann.

So ist etwas in den alten Bauernregeln zum Vorschein gekommen, was schon seine Gründe hat, und man sollte sie daher wohl beachten. Natürlich, ich habe es schon einmal gesagt, das Bewusstsein von solchen Dingen ist verloren gegangen und dadurch sind wir in Aberglauben verfallen. Und man kann natürlich, wenn man nicht mehr unterscheiden kann, in Aberglauben verfallen. Dann haben Bauernregeln ungefähr denselben Wert wie: Kräht der Hahn auf dem Mist, ändert sich das Wetter oder es bleibt, wie es ist. – Aber das ist nicht bei allen Regeln der Fall, sondern manches beruht auf einer tiefen Weisheit, die man dann erforschen muss. Die Bauern, die die Bauernregeln verwendet haben, sind manchmal ganz gut damit gefahren! Sie sehen also, eine tiefere Anschauung führt auch wieder dazu, dass man die Bauernregeln wieder verwenden kann.

Herr Erbsmehl macht geltend, dass in der heutigen Bienenzucht der Bienenvater in erster Linie auf die Rentabilität bedacht sei. Es gehe also nur auf das Materielle hin. In der Schweizerischen Bienen-Zeitung *Nummer 10 vom Oktober 1923 heißt es: «Der Honig ist zu einem großen Teil ein Luxusartikel, und diejenigen, welche ihn kaufen, können einen rechten Preis zahlen.» Es wird später in der gleichen Nummer ein Beispiel erzählt, dass ein gewisser*

Baldensberger, der durch Spanien reiste, bei einem Bienenzüchter eine Anzahl blühender Kinder vorfand, von denen der Bienenzüchter ihm auf die Frage, wohin er seinen Honig verkaufe, sagte: Hier sind meine Kunden. – Hier in Europa geht man darauf aus, viel aus dem Honig herauszuschinden. Ein Unternehmer, der viele Arbeiter hat, schaut darauf, möglichst viel herauszuschinden. So ist es mit den Bienen auch.

Ferner wird gefragt, ob etwas daran sei, dass behauptet wird, dass das Mondlicht einen gewissen Einfluss auf Honigbildung oder Nektarbildung der Blumen habe. (Nummer 11 der Bienen-Zeitung.*)*

Herr Müller erwidert, dass Herr Erbsmehl ja aus der Imkerzeitung sehe, dass das ein kleiner Imker ist, der seinen Honig nicht weiterverkaufe. Erbsmehl wisse noch nicht, was heutzutage Bienenzucht heißt und was alles damit zusammenhängt und dass man infolgedessen auch rechnen muss. Wenn man nicht mit der Rentabilität rechne, wie in anderen Fällen auch, so müsse man die Bienenzucht eben aufstecken. Und der Honig würde, wenn man ihn nicht auf diese Weise durch künstliche Zucht hervorbringe, gar nicht in dem Maße da sein. Es gibt manchmal nur ein bis zwei Kilo Honig, unter Umständen noch etwas Tannenhonig, den man herausnehmen muss, wenn man die Völker gesund halten will. Das ist alles. Nachher ist ein schlechtes Jahr, und es reicht nicht aus bis April, Mai. Lebensfähig bleibende Völker muss man mit Hilfe künstlicher Aufffütterung – Zucker, Kamillentee, Thymian und etwas Salzzusatz – durchbringen. Die Stunden werden ganz genau notiert in einem modernen Stand, wie viel der Imker an Zeit aufgebracht hat, fünfeinhalb Stunden, die Stunde wird mit 1 Franken oder 1.50 berechnet; da ist der Honig auf 7 Franken zu stehen gekommen. Man muss auch mit Abschreibungen rechnen; der Wabenbau geht einem verloren, man muss etwas ersetzen. Das Anwesen muss sich doch rentieren. Wenn der Imker immer auf dem alten Standpunkt stehen bleibt, so kommt er nicht vorwärts. Herr Erbsmehl kann das ja; aber wenn ich einen großen Stand habe, muss ich mir berechnen und sagen, es ist schon Defizit gemacht worden bei 6 Franken. Die amerikanischen Imker stellen sich auch genau auf denselben Standpunkt.

Er könne nicht begreifen, dass nach achtzig bis hundert Jahren die Völker eingehen sollen. Er könne nicht gut begreifen, inwiefern Herr Doktor das meine, in fünfzig oder hundert Jahren könne die künstliche Zucht Not leiden.

In Bezug auf den zweiten Punkt, was das Anzeigen des Todes des Bienenvaters bei den Bienen betrifft, habe er ja auch schon erwähnt, dass der größte Teil eines Bienenstandes beim Tode des Pflegers eingegangen sei. Wie das zugehe, könne er nicht begreifen.

In Bezug auf nicht echten Bienenhonig in Hotels möchte er sagen, dass erstklassige Hotels viel den amerikanischen Bienenhonig kaufen. Wenn Bienen mit diesem Honig gefüttert werden, gehen sie kaputt. Und das ist doch auch Bienenprodukt.

Dann über das Stechen der Bienen: Schweiß ist das Schlimmste, was es für Bienen gibt. Wenn man pfeifende oder schnarrende Töne hört, ist es ratsam, stehenzubleiben.

In Bezug auf die Frage, wie weit ein Bienenstich Einfluss auf den Menschen haben kann, ist mir ein Beispiel bekannt, das ich erzählen will. Ein kräftiger Mann, noch stärker als Herr Binder ist, wurde von einer Biene gestochen. Er rief: Haltet mich, ich bin von einer Biene gestochen! – Er war außerordentlich empfindlich dagegen. Es war ein Mensch, der etwas herzleidend ist. Vielleicht wird Herr Doktor da noch etwas erwähnen, inwiefern ein Bienenstich von besonderer Gefahr sein könnte.

Zum Beispiel sagt man: Drei Hornissenstiche töten ein Ross. – In meinem Bienenhaus fand ich vor einiger Zeit ein Hornissennest. Ich hatte die Brut weggenommen. Die Hornissen waren so feig, dass sie nicht gestochen haben im Dunkeln; im Freien hätten sie es vielleicht getan.

Gehen wir zunächst einmal, damit wir möglichst rationell über die Dinge reden, auf das Wiedererkennen des Bienenvaters durch die Bienen ein.

Sie haben ein Urteil gefällt, das, solange man die Sache mit dem Verstand betrachtet, natürlich ganz berechtigt ist. Aber nun will ich Ihnen etwas sagen. Denken Sie sich, Sie haben einen Freund; den lernen Sie, sagen wir, im Jahre 1915 kennen. Dieser Freund bleibt hier in Europa und Sie gehen nach Amerika und kommen im Jahre 1925 wieder zurück. Der Freund ist meinetwillen in Arlesheim. Sie kommen nach Arlesheim, begegnen dem Freund und erkennen ihn wieder. Was ist aber inzwischen vorgegangen? Ich habe Ihnen ja auseinandergesetzt: Der Stoff, die Materie, die Substanz, die in dem menschlichen Körper ist, die ist nach sieben, acht Jahren vollständig ausgetauscht. Es ist gar nichts mehr davon da. So dass also der Freund, wenn Sie ihn nach zehn Jahren wieder sehen, nichts in sich hat von all dem, wirklich nichts in sich hat von dem, was Sie vor zehn Jahren an Materie an ihm gesehen haben. Und doch haben Sie ihn wieder erkannt. Und wenn wir ihn äußerlich anschauen, dann schaut er ja allerdings so aus, wie Sie wissen, dass er eine zusammenhängende Masse ist. Er schaut schon so aus. Aber wenn Sie ihn jetzt durch ein genügend großes Vergrößerungsglas anschauen würden, den Freund, da würden Sie sehen: Da fließt in seinem Kopf eine Blutader. Ja, schön, diese Blutader schaut so aus, wenn man sie mit dem gewöhnlichen Auge oder mit einem kleinen Vergrößerungsglas anschaut. Aber wenn man sich ein riesiges Vergrößerungsglas denkt, da schaut das, was da als Blut ist, nicht mehr so aus; da besteht es aus lauter Pünktchen, die so ausschauen wie kleine Tiere. Aber diese Pünktchen sind nicht in Ruhe, die zittern fortwährend. Und wenn Sie das anschauen, dann hat das eine verfluchte Ähnlichkeit mit einem schwärmenden Bienenschwarm!

Der Mensch schaut nämlich, wenn man ihn genügend vergrößert in seiner Substanz, ganz genau so aus wie ein Bienenschwarm. Wenn man das durchschaut, so müsste es einem eigentlich unverständlich erscheinen, dass einen ein Mensch nach zehn Jahren wiedererkennt, denn kein einziges von diesen kleinen bewegten Pünktchen ist noch da. Seine Augen haben ganz andere Punkte. Es sind ganz andere kleine Tierchen da drinnen, und dennoch erkennt einen der Mensch wiederum.

Also, ist es absolut nicht notwendig, dass diese einzelnen kleinen Tierchen und Pflänzchen, aus denen wir bestehen, das machen, dass wir uns wiedererkennen, sondern der ganze Mensch erkennt uns wieder; und der Bienenstock ist eben nicht nur das, was man so und so viele tausend Bienen nennt, sondern der Bienenstock ist ein Ganzes, ein ganzes Wesen. Was einen wiedererkennt oder nicht wiedererkennt, das ist der ganze Bienenstock.

Wenn Sie statt Vergrößerungsgläsern Verkleinerungsgläser hätten, so würden Sie alle diese Bienen zusammenbringen können und würden sie ebenso verbinden können wie einen menschlichen Muskel. Also, das ist es gerade, was man bei der Biene beachten muss, dass man es nicht nur mit den Einzelbienen zu tun hat, sondern dass man es mit demjenigen, was ja absolut zusammengehört, was ein Ganzes ist, zu tun hat. Und das kann man mit dem bloßen Verstand nicht erfassen. Da muss man schon das Ganze als solches anschauen können. Und deshalb ist gerade dasjenige, was Bienenstock und so weiter ist, so ungeheuer lehrreich, weil der Bienenstock ganz widerlegt die Überlegungen, die wir machen. Die Überlegungen sagen uns eigentlich immer, es müsste anders sein. Aber im Bienenstock gehen die wunderbarsten Dinge vor sich. Es ist nicht so, wie wir es mit dem Verstand uns zunächst denken. Also, dasjenige, was da stattfindet, dass tatsächlich diese Veränderung, der Tod des Bienenvaters, auf den Bienenstock einen gewissen Einfluss hat, das ist ja nicht abzuleugnen. Das ist da. Das ergibt die Erfahrung. Wer wirklich nicht nur mit einer einzigen Bienenzucht zu tun gehabt hat, sondern viele Bienenzüchtereien gesehen hat, der nimmt das schon wahr.

Und ich kann Ihnen sagen: Es ist mir zum Beispiel die Bienenzucht in der mannigfaltigsten Weise, gerade während ich ein Bube war, außerordentlich nahegetreten, und ich konnte mich dazumal außerordentlich interessieren schon aus dem Grunde, weil mich dazumal die finanziellen Sachen, die ökonomischen Fragen, die wirtschaftlichen Fragen gerade bei der Bienenzucht weniger interessiert haben als heute oder als später, und zwar aus dem Grunde, weil der Honig schon dazumal so teuer war, dass bei der Armut meiner Eltern wir uns eben keinen Honig haben kaufen können. Wir haben nämlich allen immer von den Nachbarn geschenkt bekommen, zu Weihnachten meistens, und haben so viel geschenkt bekommen im Laufe der weiteren Jahreszeit, dass man das ganze Jahr Honig gehabt hat. Er ist verteilt worden. Da hat mich die ökonomische Frage gar nicht so interessiert, weil ich in meiner Bubenzeit furchtbar viel, soweit es nötig war, geschenkten Honig gegessen habe. Warum kann das sein? Heute würde man unter den gleichen Verhältnissen gar nicht so leicht geschenkten Honig kriegen. Aber damals in der Nachbarschaft meines Elternhauses waren die Bienenzüchter zumeist Landwirte und haben die Bienenzucht in die Landwirtschaft hineingestellt.

Das ist etwas ganz anderes, als wenn der Einzelne der Herren eine Bienenzucht sich anlegt und im übrigen ein

Arbeiter ist, der von seinem Lohn leben muss. Innerhalb der Landwirtschaft wird die Bienenzucht getrieben, ohne dass man es überhaupt merkt. Da kommt die Arbeitszeit sozusagen überhaupt nicht in Betracht, denn das ist etwas, was da übrig bleibt. Gerade bei der Landwirtschaft ist es so, dass das immer übrig geblieben ist, die Zeit irgendwo anders erspart oder eine andere Arbeit auf eine andere Zeit verlegt worden ist und so weiter. Jedenfalls ist da der Honig zwischendurch gegangen, und man hatte eigentlich die Vorstellung: Der Honig ist etwas so Wertvolles, dass man es überhaupt nicht bezahlen kann. – Und das ist in gewissem Sinne sogar tatsächlich richtig, weil es sich wirklich darum handelt, dass unter den heutigen Verhältnissen ja alles, was es überhaupt gibt, unter falschen Preisverhältnissen ist. Heute sollte man im Grunde genommen über die Preisverhältnisse gar nicht anfangen zu diskutieren, denn es ist alles unter falschen Preisverhältnissen, und es muss in viel umfassenderer Weise gerade über den Preis auf nationalökonomischer Grundlage diskutiert werden. Es kommt nicht viel dabei heraus, wenn man über den Preis der einzelnen Lebensmittel diskutiert, und der Honig ist ein Lebensmittel, nicht nur ein Genussmittel oder Luxusartikel. In einer gesunden sozialen Ordnung würde sich schon auch selbstverständlich ein gesunder Honigpreis ergeben. Daran ist gar nicht zu zweifeln.

Aber dadurch, dass wir heute überhaupt nicht in gesunden sozialen Verhältnissen leben, kommen alle Fragen in eine ungesunde Stellung hinein. Sehen Sie, es ist ja heute auch so, dass Sie auf große Gutswirtschaften kommen. Ja, was Ihnen da der Wirtschaftsverwalter sagt – in der Regel ist es kein Bauer, sondern ein Wirtschaftsverwalter auf großen Gütern –, was Ihnen der sagt über die Menge Milch, die er von seinen Kühen bekommt: Das ist horribel. Er bekommt so viel Liter Milch im Tag, dass derjenige, der die Kuhnatur kennt, weiß: Das ist unmöglich, dass man von der Kuh so viel Milch gewinnt. Man gewinnt sie aber doch! Man gewinnt sie ganz sicher doch. Bei manchen ist es so, dass sie meinetwillen fast auf das Doppelte hinaufkommen von dem, was eine Kuh eigentlich geben kann in der Milchproduktion. Dadurch wird das Gut ungeheuer rentabel, selbstverständlich. Und man kann nicht einmal sagen, dass man irgendwie stark bemerken könnte, dass die Milch nun nicht dieselbe Kraft hätte wie eine Milch, die unter natürlichen Verhältnissen kommt. Also, man kann zunächst gar nicht nachweisen, dass da etwas Schlimmes geschieht.

Aber ich will Ihnen zum Beispiel Folgendes sagen. Wir haben Versuche gemacht mit einem Mittel gegen die Maul- und Klauenseuche beim Rind, wie wir ja in den letzten Jahren viele solche Versuche gemacht haben. Diese Versuche sind auf großen Wirtschaften angestellt worden, aber auch auf kleinen Bauernwirtschaften, in denen es nicht zu einer so großen Milchbereitung der Kühe gekommen ist wie in den großen Wirtschaften. Man konnte natürlich manches erfahren, weil man ja ausprüfen musste, wie das Mittel bei der Maul- und Klauenseuche wirkt. Es ist dann nicht zu Ende gekommen, weil offiziell die Leute nicht darauf eingehen wollten und man heute alle möglichen Konzessionen braucht und so weiter. Aber das Mittel hat sich außerordentlich gut bewährt. Und etwas verändert wird es ja auch in solchen Mitteln in sehr günstiger Weise angewendet, wie im sogenannten «Staupe-Heil», in dem Mittel gegen die Hundestaupe.

Wenn Sie diese Versuche machen, da finden Sie Folgendes. Da sehen Sie, dass Kälber, die von Kühen kommen, die zu viel dressiert werden auf zu viel Milch-Geben, wesentlich schwächer sind. Sie können das an der Wirkung des Heilmittels sehen. Da wird gewissermaßen die Wirkung oder Nichtwirkung ungeheuer vergrößert. Das Kalb wächst ja allerdings dann heran, wenn es nicht an der

Maul- und Klauenseuche zugrunde geht. Aber ein Kalb, das abstammt von einer Kuh, die Sie überfüttern und dadurch auf zu viel Milch drängen, ein solches Kalb ist schon schwächer als Kälber, die von Kühen stammen, die weniger auf Milch dressiert werden. Sie können es sehen bei der ersten, zweiten, dritten, vierten Generation. Da ist es so klein, dass es fast nicht bemerkt wird. Diese Milchzüchterei gibt es erst kurze Zeit; aber das weiß ich sehr gut: Wenn man so fortfährt, wenn eine Kuh über dreißig Liter Milch im Tag geben soll, wenn man sie so fort malträtiert, dann geht überhaupt die ganze Kuhwirtschaft nach einiger Zeit absolut zugrunde. Da ist gar nichts zu machen.

Nun, nicht wahr, so schlimm ist es natürlich bei der künstlichen Bienenzucht aus dem Grunde nicht, weil die Biene ein Tier ist, das immer sich selbst wieder hilft, weil die Biene ja viel näher der Natur steht, als die Kuh es kann, wenn sie so gezüchtet wird. Es ist noch nicht einmal so schlimm, wenn in dieser Weise die Kühe malträtiert werden mit Milchzüchten und Sie bringen sie trotzdem auf die Weide. Aber das tun ja diese großen Wirtschaften auch schon nicht mehr. Diese Wirtschaften haben lediglich Stallfütterung. Die Kuh wird ganz aus ihren natürlichen Verhältnissen herausgerissen.

Das kann man sich bei der Bienenzucht nicht leisten. Durch ihre Natur bleibt die Biene mit der äußeren Natur zusammen. Sie hilft sich also wiederum. Und dieses Helfen, dieses Sich-selbst-Helfen, das ist beim Bienenstock als solchem etwas ungemein Wunderbares. Da kommen wir jetzt auf das, was Herr Müller gesagt hat von den Hornissen, die er manchmal da drinnen findet in seinem Bienenstand und die ihn nicht gestochen haben, währenddem, wenn einem sonst sich eine Hornisse nähert, es eine schlimme Sache sein kann.

Da will ich Ihnen noch etwas anderes sagen. Ich weiß nicht, ob Sie selber schon die Erfahrung gemacht haben –

diejenigen, die Bienenzüchter sind, werden das wissen –, aber es kann sein, dass sie in die Notwendigkeit versetzt sind, einmal einen Bienenstock leer zu haben. Ja, sehen Sie, da habe ich einmal gesehen, wie in einem solchen leeren Bienenstock so etwas Merkwürdiges drinnen war wie ein solcher Knollen. Man wusste zunächst gar nicht, was das eigentlich ist. Die Bienen hatten da, scheinbar aus gar keinem Grund, einen solchen Knollen gemacht. Aus allerlei, aus dem auch ihre sonstigen Produkte hergestellt sind, hatten sie solch einen Knollen gemacht. Einfach wie ein großer Stein war da ein Knollen aus allerlei Harzen, Pechen, leimartiger Substanz – die bringen ja die Bienen auch mit –, aus Wachs und so weiter; aus dem hatten sie da einen großen Knollen gemacht. Ja, da war ich neugierig einmal, was denn da eigentlich los sei, und habe diesen Knollen auseinander genommen – bums, war eine tote Maus drinnen, eine richtige tote Maus!

Diese Maus war in den Bienenstock hereingekommen, war darinnen gestorben, und nun denken Sie sich, was für eine furchtbare Sache der Leichengeruch von einer toten Maus für die Bienen gewesen wäre! Da hatte der ganze Bienenstock in einem außerordentlichen Falle den Instinkt, diese tote Maus mit einer Schale zu umgeben. Als man die Schale auseinander nahm, hat es schon furchtbar gestunken; aber der Gestank, der blieb eingeschlossen in der Schale. Sie sehen, da lebte in dem ganzen Bienenstock nicht nur der Instinkt, Zellen zu bauen, die Jungen zu füttern, sondern da lebte auch der Instinkt für das, was zu tun ist, wenn, was nicht gewöhnlich ist, eine Maus hineinkommt. Und da die Bienen nicht in der Lage waren, die tote Maus hinauszubringen, so halfen sie sich selber und machten eine Schale darum. Von anderen habe ich gehört, dass namentlich Schnecken, Nacktschnecken, die in dieser Weise in den Stock hineinkommen, inkrustiert werden. In dem Bienenstock leben nicht nur die gewöhnlichen

Instinkte, sondern da leben richtige Heilinstinkte drinnen. Die sind außerordentlich wirksam.

Nun, wenn da im Bienenstock drinnen ein Hornissennest ist, da machen die Bienen zwar nicht ein solches festes Gerüste, aber sie umgeben dieses Hornissennest fortwährend mit der Absonderung ihres Giftes, und dadurch verlieren die Hornissen die Energie, die Kraft, überhaupt loszugehen. Geradeso wie die Maus, die tote Maus da drinnen nicht mehr einen Geruch nach allen Seiten schickt, so lebt die Hornisse, wenn sie auch nicht fest inkrustiert wird, doch fortwährend in den Dämpfen, mit denen die Bienen sie umgeben, damit sie schwach wird, ihnen nichts mehr tut. So verliert die Hornisse ganz die Kraft, die Energie, und kann sich nicht mehr wehren, wenn man an sie herankommt.

Es ist schon so, dass man nur zurechtkommt mit den Bienen, wenn man über den bloßen Verstand hinausgeht und mit einer gewissen inneren Anschauung die Sachen tatsächlich verfolgt. Es ist ja ganz wunderbar, dieses Bild. Und deshalb muss man sagen: Der Bienenstock ist eben durchaus ein Ganzes. Er ist als Ganzes aufzufassen. Aber bei einem Ganzen erscheint der Schaden durchaus nicht momentan.

Wer den Menschen gut kennt, der kann zum Beispiel Folgendes sich sagen: Irgendein Mensch – es gibt solche – ist mit fünfundsechzig, sechsundsechzig Jahren noch ziemlich frisch; ein anderer ist nicht mehr frisch, weil er an innerlichen Verkalkungen der Blutadern und so weiter leidet. Dieses sich anzuschauen und in Zusammenhang mit dem zu bringen, was in der Kindheit sich vollzogen hat, das ist außerordentlich interessant.

Man kann zum Beispiel einem Kinde Milch geben, die von Kühen herrührt, die zu viel Nahrung aufnehmen, die mit dem Kalkboden zu tun hat. Dadurch kann das Kind schon mit der Kuhmilch, mit der es genährt wird, etwas von dem Kalkboden bekommen. Das zeigt sich vielleicht gar nicht gleich. Und nun kommt irgendein Mediziner von der heutigen Sorte, zeigt einem ein solches Kind, das mit Kuhmilch aufgezogen ist, auch vom Kalkboden, und ein anderes, das mit Muttermilch aufgezogen ist, und er sagt: Das macht gar keinen Unterschied – und dergleichen. Aber das Kind, das mit Muttermilch aufgezogen ist, ist mit fünfundsechzig, sechsundsechzig Jahren noch frisch, das Kind, das mit Kuhmilch aufgezogen ist, das verkalkt mit fünfundsechzig, sechsundsechzig Jahren! Das ist, weil der Mensch ein Ganzes ist und was in einem Zeitraum wirkt, noch in viel späterer Zeit nachwirkt. Etwas kann in einem Zeitraum ganz gesund sein; dennoch wirkt es nach. Und das ist es, was ich meine, wenn ich sage: Es lässt sich aus dem heutigen Bestand überhaupt gar nichts schließen darauf, was die künstliche Bienenzucht bedeutet oder nicht, sondern das muss man nach fünfzig, sechzig Jahren oder meinetwillen hundert Jahren ins Auge fassen. Dass heute einer sagt: Ich begreife das nicht, dass das in fünfzig, sechzig oder hundert Jahren anders sein soll –, das ist ganz selbstverständlich. Dass man das heute gar nicht einsehen will – das ist gerade so, wie es mir einmal auf einem Gute passierte. Sie können versichert sein: Ich bin einst in aller Gutmütigkeit fast totgemacht worden, als ich dort nur anfing, davon zu reden, dass man auf einem Gute nicht so viel Milch gewinnen sollte; denn die Kuhzucht wird viel schneller leiden, wird in einem Vierteljahrhundert ruiniert sein.

Man kann heute gegen die künstliche Bienenzucht gar nichts haben, weil wir schon einmal in Verhältnissen leben, in denen auf sozialem Gebiete gar nichts gemacht werden kann. Aber eingesehen werden muss es, dass es etwas anderes ist, ob man der Natur ihren Lauf lässt und sie nur in richtige Bahnen bringt oder wenn man etwas Künstliches in die Sache hineinbringt. Aber ich will mich da gar nicht gegen das, was Herr Müller gesagt hat, irgendwie aufbäumen. Das ist ganz richtig: Man kann das heute noch nicht feststellen, sondern man muss das vertagen. Wir wollen uns in einem Jahrhundert wieder sprechen, Herr Müller, und wollen sehen, was Sie dann für eine Ansicht haben. Das ist etwas, was heute gar nicht entschieden werden kann. Das ist die Sache.

Herr Erbsmehl weist noch einmal darauf hin, dass bei heutigen Bienenzüchtern alles auf Rentabilität gehe.

Je mehr Sie finden, dass einer nebenbei die Bienenzucht betreibt, ist er mehr der Ansicht dieses Spaniers, den Sie angeführt haben. Das heißt, heute ist es vielleicht im Allgemeinen nicht mehr so, aber vor fünfzig, sechzig Jahren hat der Landwirt nicht viel gegeben auf das, was er von den Bienen eingenommen hat. Das war immer etwas, womit er eigentlich nicht gerechnet hat. Er hat ihn entweder verschenkt, oder wenn er ihn verkauft hat, den Honig, hat er das Geld, das er eingenommen hat, seinen Kindern in die Sparbüchse gegeben oder so etwas Ähnliches. Heute sind die Verhältnisse ganz anders geworden. Wie kann man sich eigentlich vorstellen, dass jemand, der auf Zeit arbeitet oder spricht von etwas, was ganz auf die Zeit eingestellt worden ist, nicht dazu kommen sollte, auf die Rentabilität zu sehen? Er kommt eben dazu durch die ganzen Verhältnisse.

Nicht wahr, es gibt heute Bienenzüchter, die müssen, wenn sie Arbeiter sind, die Arbeit unterlassen für einige Zeit, müssen Urlaub nehmen, wenn sie ihre Bienenzucht in der richtigen Weise betreiben wollen, oder nicht? *(– «Sicher!» –)* Nun, dann rechnen sie sich selbstverständlich aus, was sie da – an einer ganz anderen Arbeit – nicht bekommen haben.

Denken Sie doch nur einmal: Die Bienenzucht, die ist so alt, dass heute aus äußeren Gründen kein Mensch mehr sagen kann, wie die Bienenzucht war, als sie noch ganz wild war. Die Leute kennen überhaupt nur unsere Bienen, die europäischen Honigbienen meine ich; sie kennen nur die Hausbienenzucht. Ich glaube, in den Naturgeschichten steht sogar bei der Biene, die allgemein in Europa verbreitet ist, «Die Gemeine Hausbiene» als Name angeführt. Also, man kennt eigentlich nur die Hauszucht der Bienen. Das ist etwas sehr Bemerkenswertes, dass man nur die Hauszucht kennt. Man kennt nicht, wie das eigentlich war, als die Natur selber noch gearbeitet hat. Also, die Bienenzucht ist etwas sehr Altes. Bei so sehr alten Sachen ergibt sich der Preis aus ganz anderen Grundlagen als bei dem, woran man heute meistens arbeitet. Denken Sie doch nur einmal, dass die Leute heute meistens an Sachen arbeiten, bei denen man sehr leicht zurückverfolgen kann, wann sie entstanden sind. Da haben Sie zwei Preisbildungen. Das geht in das graueste Altertum zurück bei den Bienen. Die haben nicht die Preise wie die in der Metall- oder Holzindustrie, die zurückgehen auf ein paar Jahrzehnte. Erst gesunde soziale Verhältnisse werden da zeigen, wie sich der Preis des Honigs gestalten muss, wie der Preis, der da zustande kommen muss, aus ganz anderen Verhältnissen heraus entstanden ist.

Man stellt sich heute gar nicht vor, wie schwer es ist, über Preisbildung zu reden. Um über die Preisbildung zu reden, dazu gehört eine ganz tiefe Kenntnis der realen Verhältnisse. Vor kurzem ist mir einmal etwas ganz Wunderbares mit der Preisbildung passiert, das ich Ihnen erzählen möchte, weil es ganz interessant ist.

Da hat ein Universitätsprofessor, den ich kenne, ein Buch über Nationalökonomie geschrieben. Das Buch hat er mir – ich war auf einer Vortragsreise – gegeben. Ich blieb dann längere Zeit da, konnte darüber sprechen, habe gesagt, ich werde mir das Buch da und dort anschauen können, natürlich nicht das ganze Buch gleich lesen können, wenn ich zwei, drei Tage an dem Orte bin. Nun, ich habe mir das Buch angeschaut und zu ihm Folgendes gesagt: Ich habe bemerkt – was mir ja nicht immer sympathisch ist, aber bei Ihnen ist es mir ganz sympathisch gewesen, dass es da war –, Sie haben in dem Buch einen Index, wo die Worte von Sachen drinnenstehen, die Sie behandelt haben. Nun habe ich gleich nachgeschaut unter dem Schlagwort: Preis – da war nichts! Da war überhaupt nichts!

Also, der Mann hat ein nationalökonomisches Buch geschrieben und da steht überhaupt nichts vom Preis drinnen! Ja, das ist sehr charakteristisch. Heute sind die Nationalökonomen überhaupt nicht imstande, das wichtigste nationalökonomische Problem auch nur zu sehen. Das lassen sie aus, die Preisbildung. Und auf die Preisbildung kommt es an. Alles hängt von der Preisbildung ab. Das sieht man eben nur nicht. Wenn einem so etwas passiert, dann zeigt sich das in ganz besonderem Maße.

Deshalb ist es schon so, dass man sagen muss: Auch da muss man sich eben darauf verlassen, dass nach und nach doch eingesehen wird, dass man gesündere soziale Verhältnisse herbeiführen muss. Dann wird man, glaube ich, überhaupt nicht mehr so viel über Rentabilität oder Nichtrentabilität sprechen. Dies sind Begriffe, die mit der Konkurrenz zu tun haben, wenn auch nicht mit der Konkurrenz der Gleiches Produzierenden, aber mit der Konkurrenz der Verschiedenes Produzierenden.

Wenn Sie in meine Jugend zurückschauen und da die Bienenzucht nehmen in der Gegend, wo ich gerade war, wo eigentlich nur die Bauern Honigbienen gezüchtet haben – ja, diese Bauern, die waren wohlbeleibte Leute. Da kann ich nicht einmal sagen, die waren wie einer der Ihrigen hier; denn es ist keiner so dick hier, wie die Bauern waren. Da war der Honigpreis so, dass nicht einer sich darauf eingelassen hätte, bloß Bienen zu züchten, um für

Geld seinen Honig zu verkaufen. Wenn sich dann der Bienenzüchter neben den Bauern hingestellt hätte, ja, das wäre dann so gewesen [siehe Zeichnung]: Das wäre der Bauer und das der Bienenzüchter gewesen! Das wäre gar nicht gegangen! Der Bauer hat eben mit seiner Bienenzucht gar nicht gerechnet, und der Bienenzüchter hätte rechnen müssen. Also, das wäre gar nicht gegangen. Und so muss man eben, sobald man auf die Rentabilität kommt, gründlich die nationalökonomischen Bedingungen kennen und in Betracht ziehen.

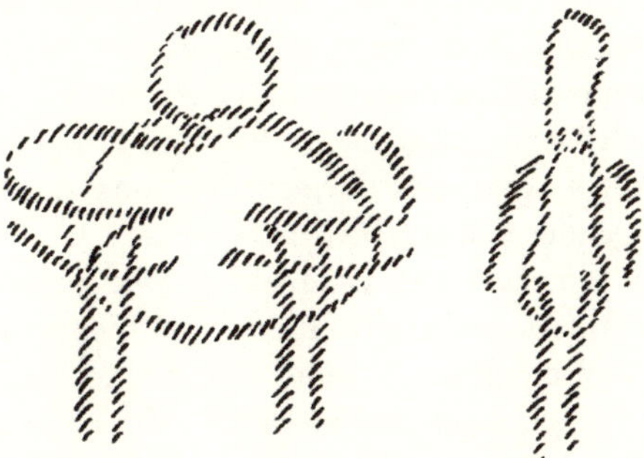

Jetzt will ich Ihnen noch ein paar Dinge beantworten, die sich im Anschluss an das Vorige ergeben haben.

Fragesteller: Es gibt Leute, die gar keinen Honig vertragen können. Sie bekommen sogleich Magenbeschwerden davon. Gibt es ein Mittel, um diese nachteilige Wirkung des Honigs in Damm zu halten?

Nun, solche Leute, die keinen Honig vertragen können, das sind in der Regel Leute, die sehr früh zur Sklerose, zur Verhärtung des ganzen Körpers neigen, so dass der Stoffumsatz im Körper überhaupt langsam vor sich geht. Dadurch können sie den Honig, der darauf ausgeht, gerade den Stoffwechsel schneller zu machen, nicht vertragen.

Weil sie selber einen zu langsamen Stoffwechsel haben, will der Honig ihn schneller haben, und da kommen sie in Zwiespalt mit ihrem eigenen Stoffwechsel, weil der Honig einen schnellen Stoffwechsel haben will, und dann bekommen sie Magenbeschwerden, die sich in allerlei ausdrücken. Etwas Honig sollte eigentlich jeder Mensch genießen können, das heißt, nicht nur genießen können, sondern er sollte auch dazu die innere Fähigkeit haben.

Wenn man Menschen hat, die den Honig nicht vertragen können, sollte man vor allen Dingen nachsehen, wo da eigentlich die Ursachen liegen. Man muss dann nicht daran denken, dass man ein allgemeines Mittel finden kann, sondern man muss, je nachdem der Mensch durch dieses oder jenes zu einem verhärteten Körper getrieben wird, dieses oder jenes kurieren. Es kann sich zum Beispiel folgender Fall ergeben.

Sagen wir, ein Mensch kann den Honig nicht vertragen; er bekommt Magenbeschwerden. Nun frägt man sich: Hat dieser Mensch dadurch seine Magenbeschwerden beim Honig, dass er, sagen wir, zu der Kopfsklerose neigt, wie man sagt, zu der Verkalkung der Kopfvenen, der Kopfarterien, der Kopfgefäße? – Dann kann es sein, dass er in einem gewissen Alter seines Lebens den Honig nicht verträgt. Nun wird man einen solchen Menschen mit irgend etwas, was ein Phosphorpräparat ist, heilen müssen. Dann wird er anfangen, den Honig zu vertragen, wenn man ihn heilen kann.

Es kann aber auch sein, dass man merkt, bei einem Menschen, da liegt es in der Lunge. Dann muss man eben nicht ein Phosphorpräparat, sondern ein Schwefelpräparat nehmen. Das ist es, was ich auf diese Frage antworten kann. Es handelt sich darum, nicht im Allgemeinen zu sagen, ein Mensch kriegt Magenbeschwerden von Honig, wie begegnet man diesen? – sondern man muss sich sagen: Wenn einer in irgendeinem Lebensalter Honig nicht vertragen kann, so ist das eine Krankheit. Ein gesunder Mensch kann eben Honig vertragen. Wenn er Honig nicht verträgt, so ist er krank, und da muss man die Krankheit suchen und muss sie heilen.

Honig nicht vertragen können, bedeutet natürlich nicht so viel, wie wenn einer Zucker nicht vertragen kann, Diabetes mellitus, Zuckerkrankheit bekommt. Das ist natürlich ärger, wenn einer Zucker nicht vertragen kann, denn dann ist er krank, mehr krank, als wenn er Honig nicht vertragen kann. Da ist er auch krank, und man muss seine Krankheit kurieren.

Fragesteller: Wie die meisten Insekten, fliegen auch die Bienen in der Dunkelheit stets auf Kerzen- oder Lampenlicht zu. Von erfahrenen Imkern ist mir wiederholt versichert worden, dass die Bienen viel weniger auf elektrisches Licht reagieren. Wenn man mit einer leuchtenden elektrischen Taschenlampe sich den Bienen naht, bleiben sie ganz ruhig, als ob sie das Licht gar nicht wahrnehmen. Erst nach einiger Zeit werden sie unruhig. Petrol- oder Kerzenlicht lockt sie viel rascher und in größerer Menge an. Gibt es eine Erklärung für dieses Verhalten?

Herr Müller sagt, dass er dasselbe auch schon bemerkt habe.

Nun, Sie werden noch in dem alten Bau gesehen haben, dass die Kuppeln in verschiedenen Farben ausgemalt waren. Diese Farben sind aus reinen Pflanzenstoffen hergestellt gewesen. Und diese Herstellung aus verschiedenen Pflanzenstoffen, die hat zuletzt ergeben, dass, wenn in die Kuppel hinein Sonnenlicht geschienen hätte, wenn man also diese selben Farben einige Zeit – es würde ja etwas lange gedauert haben, vielleicht Monate, vielleicht Jahre – dem Sonnenlicht ausgesetzt hätte, so wären sie ganz verblasst. Sie hätten nichts mehr drinnen gesehen, was gemalt war. Dagegen dem elektrischen Licht ausgesetzt, sind sie geblieben. Wir haben deshalb auch bei diesen Farben so gearbeitet, dass sie ein Maler, der bei Sonnenlicht gearbeitet hätte, überhaupt zunächst nicht hätte brauchen können. Unter Sonnenlicht wären sie ganz verblasst. Dagegen unter elektrischem Licht sind sie geblieben.

Sie sehen also, dass das Sonnenlicht, das ja auch chemische Wirkungen in sich hat – und Sie haben ja gesagt, dass die Biene das bemerkt –, in ganz anderer Weise wirkt als das elektrische Licht. Das elektrische Licht wirkt also tatsächlich auf alles Stoffliche viel verhärtender, löst es nicht so auf. Dadurch bekommt die Biene im elektrischen Licht zunächst etwas wie einen ganz kleinen, leisen Starrkrampf, den sie im Sonnenlicht nicht bekommt. Und dann natürlich erholt sie sich wieder. Das ist dasjenige, was ich darüber sagen wollte.

Fragesteller: Was den Einfluss der Tierkreiszeichen auf die Honigerzeugung betrifft: In bäuerlichen Kreisen legt man noch einen großen Wert darauf, so zum Beispiel beim Aussäen des Samens, wenn der Mond im Zeichen der Zwillinge steht und so weiter. Es handelt sich nun darum, ob man das Beurteilen der einzelnen Tierkreiszeichen nach äußerlichen Merkmalen tut oder ob da etwas zugrunde liegt.

Diese Dinge sind natürlich heute niemals richtig wissenschaftlich behandelt. Aber man kann sie wissenschaftlich behandeln. Auf den Bienenstock als solchen hat das, was ich Ihnen gesagt habe, Einfluss. Die Biene ist in gewisser Weise, namentlich die Königin, ein Sonnentier, und da hat auf die Biene selber dasjenige, was die Sonne selbst durchmacht, indem sie durch den Tierkreis durchgeht, den größten Einfluss. Aber die Bienen sind ja natürlich abhängig von dem, was sie in den Pflanzen vorfinden. Und da ist es schon so, dass mit dem Durchgehen des Mondes durch das Tierkreiszeichen das Säen, das Ausschleudern des Samens außerordentlich viel zu tun haben kann, und es handelt sich darum, was die Bienen für vorbereitete Stoffe in den Pflanzen vorfinden. So dass also solche Dinge durchaus nicht ganz aus der Luft gegriffen sind; aber so, wie es gewöhnlich dargestellt wird, ist es natürlich dilettantisch dargestellt. Die Dinge müssen erst wissenschaftlich vertieft werden.

Damit haben wir für heute unsere Zeit erschöpft. Was noch zu sagen ist, werden wir am nächsten Samstag um neun Uhr verhandeln. Ich denke mir, dass noch viele etwas auf dem Herzen haben. Die Bienenzucht ist etwas so Schönes und Nützliches, dass man gar nicht zu viel darüber fragen kann. Fragen Sie nur untereinander, und fragen Sie Herrn Müller und mich. Ich denke, es wird sich schon auch eine sanfte, milde Ausgleichung der Gegensätze finden. Wir brauchen ja nicht gleich so stachelig zu werden wie die Bienen selber, können das alles in Milde abmachen. Aber wir sollen auch mit unseren Fragen voll herausrücken.

Mit der Frage nach der seelischen Beziehung zwischen Mensch und Bienenvolk greifen die Arbeiter ein Thema auf, das heute noch genau so aktuell ist. Wie in Kapitel I erwähnt, ist eine solche Beziehung nur vorstellbar, wenn wir vom Bienenvolk als einem Ganzen ausgehen, von der seelisch-geistigen Einheit des Volks. Das Bienenvolk als Wesen ist ein Gegenüber, zu dem eine kommunikative Beziehung besteht und eine seelische Verbindung geknüpft werden kann. Die Auseinandersetzung mit dem Bienenvolk ist auf zwei Begegnungsebenen möglich. Einerseits ist da die Wesensbegegnung mit dem Bienenvolk überhaupt, die der Auseinandersetzung mit dem Urtier Bien zugrunde liegt. Dabei geht es darum, das Wesen des Bienenvolks in Bezug auf den Menschen zu verstehen. Das ist eigentlich das Ziel dieses Vortragszyklus. Es ist eine Auseinandersetzung, die laufend geführt werden muss, um im Umgang mit dem Bienenvolk einen Weg zu finden. Einen Weg, der zu einer neuen lebendigen Beziehung führt, in der man diesem Wesen möglichst gerecht wird. – Andererseits geht es in der vorliegenden konkreten Frage aber auch um die individuelle Beziehung zu einzelnen Bienenvölkern, die aus dem praktischen Umgang mit ihnen und aus der Beobachtung entsteht.

Rudolf Steiner schildert drei verschiedene Beziehungsebenen zwischen Mensch und Tier. Bei der Geschichte des Pferdes von Herrn Osten ist es mehr eine zweckmäßige Verbindung auf Dressurbasis, die ihre Spuren bis in die feine Empfindung des Tiers hinein hinterlässt. Auch wenn das Bienenvolk nicht in dieser Weise dressierbar ist, so ist seine Wachheit gegenüber dem Imker denkbar, und ähnlich wie beim Pferdebeispiel beruht sie auf einer intensiven Begegnung. Als Zweites wird der «grüne Daumen» erwähnt, von dem auch im Umgang mit den Bienen gesprochen wird. Das Phänomen ist unter den Imkerinnen und Imkern bekannt. Die einen haben immer oder zumeist schöne gesunde Bienenvölker, andere bemühen sich noch so sehr, aber es will ihnen nichts wirklich gelingen. Als Drittes wird der Tod des Bienenvaters genannt. Dass Bienenvölker nach dem Tod ihres Imkers ebenfalls eingehen, ist in dieser Art heute nicht mehr bekannt. Es hat sich wohl um eine tiefe instinktive Verbindung gehandelt, die schon damals nur noch in «altbäuerischen Kreisen» vorhanden war.

Das Bienenvolk fordert den Menschen heute jedoch den Zeitumständen entsprechend stark. Es reicht nicht mehr, sich vom Bienenvolk angesprochen zu fühlen, ein Bienenhaus im Garten aufzustellen und den Bienen ein Leben in Eigendynamik zu ermöglichen. Die Bienenvölker können heute aus eigener Kraft nicht mehr überleben. Sie verlangen eine konstante Begleitung, zumindest im Sommerhalbjahr. Erforderlich sind Beobachtung, Präsenz und die richtigen Arbeitsschritte zur rechten Zeit. Der Anspruch an die Begleitung durch den Menschen ist gewachsen.

Das Bienensterben, der Tod ganzer Bienenvölker, ist heute ein brennendes Thema. Dem Phänomen liegen verschiedene Ursachen zugrunde, die das Leben der Bienenvölker erschweren: fehlende Nahrungsgrundlage, der Parasit Varroamilbe, Probleme durch die Form der Landwirtschaft und die Art der imkerlichen Bienenhaltung an sich.

Das Bienenvolk ist von Natur aus darauf ausgerichtet, von April bis September eine Volksstärke bereitzuhalten, die in der Lage ist, eine Massentracht an Blüten so zu nutzen, dass innert ein paar Tagen große Vorräte angelegt werden können. Die Realität unserer Natur und Kulturlandschaft ist jedoch, dass ein üppiges Blütenangebot zumeist nur im Frühling zur Verfügung steht. Danach kann sich das Bienenvolk nicht mehr selber versorgen und muss schon von seinen Vorräten zehren. Diese Ausdünnung der Blüte hängt mit einer veränderten Landbewirtschaftung zusammen. Die Wiesen werden früh, noch vor der Blüte genutzt, die blühenden Ackerunkräuter mit Herbiziden vernichtet, und schon ab Mitte Mai gibt es kaum mehr Blüten. Ursprünglich wesentliche heimische Sommertrachtpflanzen wie die Esparsette sind der gewandelten Bewirtschaftung gewichen, ebenso wie der Faulbaum, der keine Brachflächen zur Ausbreitung mehr findet. Wenn jegliche Waldtracht ausfällt, dann sind die Bienenvölker schon im Juli am Hungern. Die Blütenbasis für die sommerliche Bienenhaltung fehlt in der Landschaft, man kann von einer grünen Wüste sprechen.

Am stärksten hat die Varroa unmittelbar mit dem Völkersterben zu tun, eine eingeschleppte parasitische Milbe, die Brut und Bienen befällt. Nur eine alljährlich zweimalige Behandlung der Bienen im Sommer mit Ameisensäure und im Winter mit Oxalsäure kann die Milben so reduzieren, dass die Bienenvölker überleben können. Die Verbindung der Milbe mit Viren hat ihre Gefährlichkeit in den letzten zehn Jahren noch erhöht. Es gilt den Befallsgrad an Varroamilben zu überwachen, denn eine etwas verspätete Behandlung im Sommer kann sich im folgenden Winter durch Völkerverluste rächen.

Die Landwirtschaft belastet mit dem Einsatz von Pflanzenschutz- oder Saatgutbeizmitteln die Landschaft immer wieder, die Bienen sterben daran zwar in den wenigsten Fällen unmittelbar, aber die verschiedenen Belastungen können sich kumulieren und die Überlebenskraft schwächen.

Problematisch ist aber auch die Art und Weise der imkerlichen Bienenhaltung selber. In eigenen Versuchen hat sich gezeigt, dass einzeln stehende Bienenvölker immer wieder überraschende Regenerierungsfähigkeiten zeigen (siehe: http://www.summ-summ.ch/bibl/for/ueberlebensforschung_08.pdf). Die Aufstellung von vielen Bienenvölkern am selben Ort beschränkt die Selbstheilungskräfte, weil Krankheiten durch den Verflug der Bienen eine permanente Belastung darstellen.

Diese Übersicht zeigt, wie die intensivierte Produktion in der Landwirtschaft, der Krankheitstransfer durch einen globalen Handel mit Bienenköniginnen und selbst der imkerlich tätige Mensch dem Bienenvolk das Überleben erschweren. Diese vom Menschen verursachten Schäden müssen durch einen größeren Aufwand ausgeglichen werden.

Das Thema des Ausgleichs durch die imkerliche Arbeit ist nicht neu, aber ganz sicher hat es sich noch verschärft seit Rudolf Steiners Zeit. Im nachfolgenden Kapitel ist dieser Ausgleich ein Thema.

Herr Dollinger möchte fragen wegen der Waben. Es gäbe Leute, die essen die Waben mit und in den Wirtshäusern wurden sie früher manchmal auf den Tisch gegeben. Er möchte wissen, ob das schädlich sei, die Waben mitzuessen.

In Bezug auf die Bienenkrankheiten meint er, dass sie früher nicht so stark gewesen seien wie heute, wo die Ausbeuterei größer sei.

Herr Müller sagt, Waben zu essen sei eine Liebhaberei. Es handle sich dann natürlich nicht um künstliche Waben, sondern um Waben vom natürlichen Bau.

Was die Bienenkrankheiten betreffe, so kämen sie nicht durch Ausbeutung, sondern sie seien einfach früher nicht so viel ästimiert worden; es gab nicht so viele dünne Völker, und so hat man nicht so darauf acht gegeben. Von England aus habe eine Bienenkrankheit nach der Schweiz Einzug gehalten, die es vorher hier gar nicht gegeben habe.

Herr Erbsmehl meint, dass dies vielleicht auf künstlichen Dünger zurückzuführen sei. Die Blumen würden ja krank davon.

Was die beiden Dinge betrifft, so ist Folgendes darüber zu sagen. Es ist ganz richtig, dass dieses Mitessen der Waben, wenn es die Menschen tun, eine Art Liebhaberei ist. Bei solchen Dingen kommt es natürlich darauf an zu entscheiden, wie es den Menschen bekommt. Das ist aber eine Frage, die natürlich lediglich medizinisch zu beantworten ist. Es ist nur möglich, über diese Frage etwas zu sagen, wenn man Menschen, die die Waben, also das Wachs mitessen, wirklich in ihrem Gesundheitszustand beobachtet. Ich muss gestehen, dass ich zwar schon verschiedene Leute kennengelernt habe, die Waben mitgegessen haben, aber sie haben sie immer wieder ausgespuckt, nachdem sie den Honig herausgesogen haben. Und Beobachtungen von Menschen, die größere Mengen Wachs mit dem Honig verzehrt haben, sind mir noch nicht gelungen.

Was man vermutungsweise sagen kann, das wäre eben dieses: Die Menschen vertragen Verschiedenes, nicht jeder dasselbe. Und es könnte Menschen geben, die einfach durch den Wachsgenuss eine Art Magenkrankheit sich zuziehen würden; die müsste man davon abhalten. Es könnte aber auch Menschen geben, die das Wachs ganz ungehindert verdauen und die Reste über die Ausscheidungen abgeben. Bei denen könnte man allerdings dann sagen, dass dadurch, dass sie das Wachs mitessen, also den Honig möglichst lange an dem Wachs daranlassen, wenn das Wachs schon im Körper drinnen ist, für den Honig mehr eine Darmverdauung stattfindet, während sonst der Honig erst, wenn er aus dem Darm draußen ist, bei den Lymphgefäßen und so weiter verdaut würde. Nun, da könnte man sagen: Das hängt wiederum von dem Gesundheitszustand der Menschen ab. Es gibt eben solche, die mehr mit dem Darm, und andere, die mehr mit den Lymphgefäßen verdauen. Man wird gar nicht sagen können, das eine ist gut und das andere ist schlecht, sondern es richtet sich das nach dem Menschen. Sicheres könnte man nur sagen, wenn man einfach eine Anzahl von Menschen Honig mit Waben essen ließe und eine Anzahl Honig ohne Waben, und dann untersuchte, wie sich diese beiden Dinge zueinander verhalten.

Bei den Bienenkrankheiten ist die Sache so, wie überhaupt bei Krankheiten, dass Rücksicht auf das genommen werden muss, was Herr Müller gesagt hat. Es ist beim Menschen sogar auch so, dass man früher gewisse Dinge gar nicht beachtet hat, während man sie heute sorgfältigst studiert, also auch beim Menschen, wie Sie sagten, nicht ästimiert hat, und heute beachtet man sie.

Aber es spielt noch etwas wesentlich anderes mit. Der ehemalige Bienenzüchter, der hatte eigentlich sehr viele Instinkte. Er tat sehr viel, ohne dass er sagen konnte, warum. Diese Instinkte hat die Menschheit heute verloren. Heute will man überall wissen, warum. Und gerade, um dieses Warum zu entscheiden, dazu ist notwendig, dass man recht gründlich auf die Sache eingehen kann. Und das kann das heutige Wissen gewöhnlich noch nicht. Der ehemalige Bienenzüchter, der hat einen starken Instinkt gehabt, die Bienen, ich möchte sagen, ganz persönlich zu behandeln, richtig persönlich zu behandeln. Und nun müssen Sie bedenken: Es ist schon darinnen ein gewisser Unterschied, wie man früher Körbe gegeben hat und jetzt Kisten gibt. Die Kisten bestehen aus Holz. Holz ist etwas ganz anderes als dasjenige, aus dem früher die Bienenkörbe geflochten waren, aus Stroh und dergleichen. Auch ist das Stroh so, dass es aus der Luft noch als Stroh ganz andere Stoffe anzieht als das abstrakte Holz. Also, es ist schon ein Unterschied in dieser äußeren Behandlung.

Nun, wenn ich das alles zusammenfasse, was der Bienenzüchter früher getan hat, namentlich dadurch, dass er einen starken Instinkt dafür gehabt hat: Er hat manchmal gar nicht gewusst, warum er das tut, aber er hat seine Bienenstöcke an einen ganz bestimmten Platz hingestellt, an einen Platz, wo oftmals von der oder jener Seite der Wind hergekommen ist und dergleichen. Heute stellt man sie aus Nützlichkeitsgründen irgendwohin, wo man Platz hat und dergleichen. Die klimatischen Dinge berücksichtigt man auch noch, aber nicht mehr so stark.

Herr Müller sagt, dass er sie sehr stark berücksichtige. Er hätte seinen Bienenstand auf einem Höhenzug, wo er fast gar keinen Nordwind, weniger Ostwind oder dergleichen hätte.

Das Holz ist für solche Dinge eben weniger empfindlich als das Stroh. Ich agitiere wiederum nicht für Strohkörbe, aber solche Dinge sind eben da und die wirken auch sehr stark, worauf es sicher ankommt bei der Biene, wenn sie ihre ganze innere Arbeit verrichtet. Es ist eine ungeheure Arbeit, die in ihrem Körper vorgeht, wenn sie den Honigseim einsammelt und dann zum Honig selber, der genossen wird, in sich selber umwandelt. Das ist eine riesige Arbeit. Die muss die Biene leisten. Wodurch? Dadurch, dass ein ganz bestimmtes Verhältnis ist zwischen zweierlei Säften bei der Biene. Das eine ist der Magensaft und das andere ist der Blutsaft. Wenn man eine Biene untersucht, so hat man den weißlichen Magensaft, aus dem sie besteht, und den etwas rötlichen Blutsaft, aus dem sie besteht. Das sind im wesentlichen die zwei Teile, aus denen das Bienenwesen besteht. Alle anderen Teile sind ja angeordnet sozusagen aus den Wirkungen von Magensaft und Blutsaft.

Nun handelt es sich aber darum, dass ein ganz bestimmtes Verhältnis zwischen dem Magensaft und dem Blutsaft besteht. Die unterscheiden sich nämlich ganz bedeutsam voneinander. Der Magensaft ist nämlich sauer, das, was man in der Chemie sauer nennt. Und der Blutsaft ist dasjenige, was man in der Chemie alkalisch nennt, das heißt nicht sauer, sondern er kann nur angesäuert werden. Er ist also nicht sauer. Wenn der Magensaft nicht die genügende Säure hat, so geht gleich in der Biene etwas vor sich, wodurch sie in ihrem inneren Organismus gestört wird beim Honigmachen. Und der Blutsaft, der wird wieder nur dadurch stark genug gemacht, dass die entsprechenden klimatischen Verhältnisse, Lichtverhältnisse, Wärmeverhältnisse und so weiter da sind.

Es wird eben sehr stark darauf ankommen, wenn man solcher Krankheiten, die als neuere Bienenkrankheiten aufgetreten sind, entsprechend Herr werden will, dass man die richtige Einwirkung auch trifft auf das richtige

Verhältnis vom Magensaft zum Blutsaft der Biene. Das wird man – weil die Bienenzucht nicht mehr so einfach betrieben werden kann, wie sie einmal betrieben worden ist – nicht erreichen können durch klimatische Verhältnisse und Wärmeverhältnisse, weil die nicht mehr so stark wirken auf die neueren Bienenstöcke, sondern man wird eben untersuchen müssen, was eigentlich am günstigsten auf das Bienenblut wirkt. Und da wird es sich wahrscheinlich darum handeln, dass in der Zukunft die Bienenzüchter werden darauf sehen müssen, dass die richtige Blutbereitung bei den Bienen immer vorhanden ist. Und da kommt es auf Folgendes an.

Nicht wahr, es gibt ja Jahre, in denen die Bienen darauf angewiesen sind, den Honig fast ausschließlich von Bäumen zu holen. In diesen Jahren ist die Blutzusammensetzung der Biene außerordentlich gefährdet. In diesen Jahren werden die Bienen auch leichter krank als in anderen Jahren. Und da wird es sich darum handeln, dass der Bienenzüchter in der Zukunft eine Art von ganz kleinem – man braucht ja nicht viel – Glashaus anlegt, in dem er solche Pflanzen künstlich züchtet, die die Bienen zu einer bestimmten Jahreszeit gerade lieben und die sie haben müssen, so dass man wenigstens ein kleines Blumenbeet hat, auf das man die Bienen zum Beispiel im Mai auslassen kann. Sie suchen es dann schon von selber auf, wenn die betreffenden Pflanzen, die sie haben sollten, in jenem Mai gerade verkümmern und nicht da sind.

Also, auf diese Weise, dass man durch eine künstliche Pflanzenzucht in der Umgebung des Bienenstockes nachhilft, wird man solchen Krankheiten ganz sicher einmal beikommen. Solche Dinge zum Beispiel empfehle ich. Es sind zunächst nur Vorschläge; aber sie werden sich ganz gewiss bewähren, denn sie sind aus der Kenntnis der Biennennatur entnommen. Dem Bienenzüchter werden sie, wenn sie einmal probiert werden, sehr gute Früchte tragen.

Sie werden sehen: Es werden die Krankheiten der Bienen dadurch bekämpft. Aber man muss eben, um praktisch vorzugehen, alle Zusammenhänge berücksichtigen.

Das ist etwas, was ich heute nicht behaupte, sondern von dem ich nur sage: Aus dem Wesen der ganzen Biene heraus ergibt sich das sehr leicht, und man könnte solche Versuche mit Pflanzen machen, die man künstlich züchtet, während sie zu irgendeiner Jahreszeit verkümmern, nicht da sind, und würde dadurch den Gesundheitszustand der Bienen wahrscheinlich sehr heben. Das sind eben solche Sachen, von denen ich ganz überzeugt bin: Sie werden herauskommen, wenn man auch wirklich wiederum in naturhafter Weise auf die Sachen eingeht. Denn es kann sich heute ja nicht darum handeln, die Geschichte wiederum auf einen früheren Zustand zurückzuschrauben. Man braucht ebenso wenig, wie man im politischen Leben Reaktionär zu sein braucht, auf einzelnen anderen Gebieten Reaktionär zu sein. Das braucht man nicht, sondern man muss mit dem Fortschritt mitgehen. Aber es handelt sich darum, was man eben macht, wenn man aus dem Alten einfach herauskommt, damit das wiederum ausgeglichen wird durch etwas anderes, was die Sache wiederum zurückgibt. Das ist dasjenige, was ich in Bezug auf diese Sache zu sagen habe.

Herr Müller sagt, dass die Imker jetzt schon auf das künstliche Blumenzüchten hinarbeiten. Zum Beispiel würden die gelben Krokusse in großen Massen angepflanzt, speziell um den Bienen Blüten zu verschaffen, ebenso andere Pflanzen, die so kleine gelbe Blüten haben und so weiter, auch amerikanischen Klee pflanze man sehr viel an, der ungefähr zwei Meter hoch wird und das ganze Jahr blüht. Er wird erst im Herbst abgehauen; vorher lässt man die Blüte für die Bienen. Das wäre dasjenige, was notwendig wäre.

Gewiss, anfangen tut man schon mit solchen Sachen, aber man kennt viel zu wenig die Zusammenhänge. Das, was Sie zuerst gesagt haben, ist daher ein guter Weg, der fortgesetzt werden kann.

Dasjenige, was Sie mit dem amerikanischen Klee anführten, der das ganze Jahr blüht, ist etwas, von dem man abkommen wird, weil dieser nicht eine Blutsverbesserung bewirkt, sondern durch den amerikanischen Klee werden die Bienen für eine kurze Zeit aufgestachelt. So wie wenn man einen Menschen mit Alkohol kuriert, so ist es beim amerikanischen Klee; die Bienen sind dann aufgestachelt, für einige Zeit etwas zu leisten. Aber das muss sorgfältigst berücksichtigt werden, dass man nicht ganz Fremdartiges an die Bienen heranbringen darf, denn die Bienen sind ihrer ganzen Natur nach an eine gewisse Gegend gebunden, also an eine gewisse Gegend gewöhnt. Das geht schon daraus hervor, dass die Bienen aus anderen Gegenden ganz anders ausschauen. Es gibt diese mitteleuropäische Biene, die auch hier schon erwähnt wurde, die Gemeine Hausbiene. Die Italienische Biene sieht ganz anders aus, die Krainer Biene wieder ganz anders. Die Bienen sind sehr stark an die Gebiete gewöhnt, und man kann gar nicht auf die Dauer helfen, wenn man ihnen Honigseim überliefert aus ganz fremden Gebieten. Da haben sie sehr viel zu tun mit ihrem eigenen Körper, da fängt es an zu rumoren, denn sie wollen ihn umwandeln, dass er so werde, wie es dort ist, wo der Klee herkommt. Es wird sich herausstellen, dass man ein paar Jahre Erfolg hat, aber nachher hat man schon die Schererei. Sie sagen ganz richtig, es sind noch keine ordentlichen Angaben da. Aber es wird sich herausstellen, und man wird es dann unterlassen, oder aber man wird es machen, wie man es beim Wein gemacht hat. Beim Wein haben die Leute die folgende Erfahrung gemacht: Sie wissen, in den siebziger, achtziger Jahren trat plötzlich die Reblaus auf, die den Weinstock in weiten Gegenden Europas zerstörte. Ich habe mich dazumal sehr viel gerade auch mit dieser Sache beschäftigen können, weil ich einen guten Freund hatte, der Landwirt war und der auch eine landwirtschaftliche Zeitung herausgab und sich sehr viel mit dieser Frage beschäftigte. Da haben die Leute darüber nachgedacht, warum die amerikanischen Reben noch keine Rebläuse haben, ungefährdet sind. Aber wozu ist es gekommen? Es ist dazu gekommen, dass eigentlich mit den Mitteln, mit denen man bei amerikanischen Reben die Rebläuse bekämpfen kann, man sie bei europäischen Reben nicht bekämpfen konnte. Und die Folge davon war, dass, wenn man auch angefangen hat, amerikanische Reben zu pflanzen, es gelang, die amerikanischen Reben gesund zu halten, aber die europäischen Reben gingen trotzdem zugrunde. Man war darauf angewiesen, überhaupt den europäischen Rebbau aufzugeben und den ganzen Weinbau zu amerikanisieren. Dann ändert sich die ganze Rebenzucht um, und es wird etwas anderes daraus. Es ist auch vielfach etwas anderes geworden in sehr vielen Gegenden.

Man kann nicht so mechanisch denken, sondern man muss sich darüber klar sein, dass etwas seiner ganzen Natur nach an eine bestimmte Lokalität eingewöhnt ist. Das muss berücksichtigt werden. Sonst kann man zwar augenblickliche Erfolge erzielen, aber nicht etwas Dauerndes.

Ist sonst noch etwas, was Sie fragen möchten, oder sind alle anderen Herren nur geneigt, den Honig zu essen, aber nicht gerade so furchtbar viel über ihn zu diskutieren? Vielleicht fällt dem einen oder dem anderen noch etwas ein!

Ich will nun doch noch mit einigen Strichen, möchte ich sagen, zurückkommen auf das eigentliche Wesen dieser Honigbereitung bei den Bienen. Denn es ist doch im Grunde etwas außerordentlich Wunderbares, dass es da so kleine Wichte gibt, die imstande sind, dasjenige, was sie aus den Blüten oder überhaupt aus den Blumen, aus den Pflanzen heraussaugen, umzuwandeln in diesen außerordentlich gesunden Honig, der noch eine viel größere Rolle in der menschlichen Ernährung spielen könnte, als er heute spielt, wenn man wirklich ganz einsehen würde, wie ungeheuer wichtig der Honiggenuss ist. So zum Beispiel würde ich es, wenn man mehr einwirken könnte auf die ganze, ich möchte sagen, soziale Medizin, außerordentlich günstig finden, wenn Menschen gerade in der Verlobungszeit, also schon vorbauend, Honig essen würden. Denn sie würden dann keine rachitischen Kinder bekommen, weil im Honig diese Kraft liegt, wenn er weiter durch den Menschen verarbeitet wird, auf die Fortpflanzungskraft zu wirken, nämlich den Kindern dann ordentliche Formen zu geben. Auf den Knochenbau des Kindes hinüber wirkt der Honiggenuss der Eltern, namentlich der Mutter.

Solche Dinge werden sich ergeben, wenn man überhaupt tiefere Zusammenhänge in diese Dinge einmal hineinbringt; statt all den Kinkerlitzchen, die heute in den wissenschaftlichen Zeitschriften stehen, wird eben einmal, wenn man über diese Dinge etwas wissen wird, stehen: Was ist gut in einer solchen Lebenszeit zu essen? Was ist gut in einer anderen Lebenszeit zu essen? – und so weiter. Ja, das wird den Menschen ungeheuer nützen, denn der Gesundheitszustand der Menschen wird dadurch wesentlich zunehmen und vor allen Dingen auch der Kraftzustand der Menschen. Das einzige, was man dabei sagen kann, das ist das, dass die Leute eigentlich eine solche Sache furchtbar wenig würdigen; denn derjenige, der keine rachitischen Kinder hat, ist zwar sehr zufrieden darüber, aber er denkt nicht darüber nach, er nimmt es als etwas Selbstverständliches. Nur der klagt, der rachitische Kinder hat. Und so möchte ich sagen: Gerade die nützlichsten medizinisch-sozialen Maßregeln stehen eigentlich lange an, wenn sie das herstellen, was die Leute als ihr Normales betrachten sollten.

Aber einzusehen, dass man nach dieser Richtung hin ungeheuer Günstiges wirken kann, ist das doch, und ich glaube schon, wenn sich die Meinung bilden würde, dass man dadurch, dass man Geisteswissenschaft treibt, auf solche Dinge kommt, so würden die Menschen in echtem Sinne nach dem Geiste hinschauen, viel mehr, als sie es vielfach jetzt tun, wenn ihnen nur angeraten wird, nicht wahr: Ihr sollt beten, dadurch kommt das oder jenes. – Das erkennt man aus dem Geiste heraus. Ja, diejenigen Dinge, die man eben auch aus dem Geiste heraus erkennen kann und die die heutige Wissenschaft nicht kennt, das sind eben solche Dinge, dass man wissen kann, in welcher Zeit, also sagen wir in der Verlobungszeit, der Honig eine besondere Nützlichkeit hat und so weiter.

Der Vortrag vom 10. Dezember 1923 geht zusammen mit dem Vortrag vom 26. November ganz konkret auf imkerliche Problemstellungen ein. Der Verlust an instinktiver Weisheit soll korrigiert werden durch exaktes Wissen, daher die Aufforderung, dieses auch gründlich zu erarbeiten. Es ist die Basis, um neue Wege zu finden, bei denen auch Hintergrundwissen einbezogen werden soll. Steiner gibt Anregungen zum Ausgleich und zur Korrektur der entstandenen Mängel.

Als Beispiel für den Verlust des instinktiven Umgangs werden der Wechsel von der Strohbeute auf die Holzbeute und die Standortfrage erwähnt. Zum Strohkorb ist zu sagen, dass seine Rundungen wundervoll zum Bienenvolk passen, er wird aber nur noch vereinzelt zu Demonstrationszwecken mit Bienen belebt, weil die beschriebene Mobilität der Rähmchen in der Holzbeute Vorteile mit sich bringt, die niemand mehr missen möchte. Vereinzelt werden auch viereckige Strohbeuten verwendet. Sie sind etwas aufwendiger in Bau und Unterhalt. Es ist jedoch bekannt, dass Stroh ein anderes Innenklima ermöglicht, die Strohwände sind durchlässiger und haben eine andere Wasserspeicherkapazität. Außerdem besitzt Roggenstroh einen hohen Anteil an Kiesel, dem Träger der viel gelobten Sechseckkraft.

Die Standortfrage ist immer noch eines der großen Rätsel in der Imkerei. Die Lehrbücher sind voll mit guten Tipps, wie der richtige Standort zu wählen sei. Tatsächlich kann nur durch das Aufstellen der Bienenkästen die Qualität eines Standortes überprüft werden. Alles Wissen nützt in diesem Zusammenhang wenig. Hans Wille (1922–2002), der von 1957 bis 1987 das Zentrum für Bienenforschung in Bern Liebefeld leitete, hat in seiner Forschungstätigkeit nach Ursachen für die unterschiedliche Entwicklung von Bienenvölkern gesucht. Die Art des Bienenkastens, die Bienenrasse, der Imker und alle dessen fördernden Tricks haben nach seinen Erkenntnissen keinen Einfluss auf die Entwicklung. Unberechenbar große Unterschiede entstehen einzig durch die Standorte. Die Standortqualität bleibt letztlich unerklärlich, sie entscheidet aber über den Erfolg einer Imkerei und ist ein wesentlicher Faktor für Gesundheit und Krankheit der Bienen.

Rudolf Steiner geht von den veränderten Beuten und Standorten aus und kommt von da auf die Bienengesundheit zu sprechen. Das richtige Verhältnis von «Blutsaft» und «Magensaft» beschreibt er als entscheidend für die problemlose Umarbeitung von Honig. Was er unter dem Magensaft versteht, ist nicht ganz klar. Er bezieht sich aber vor allem auf eine gute Zusammensetzung des Bienenblutes.

Wichtig ist in diesem Zusammenhang der Gedanke der Kompensation. Es gilt nach Möglichkeiten zu suchen, um Mängel auszugleichen. Dazu braucht es kreative Lösungen. Rudolf Steiner nennt als Beispiel die Pflanzenzucht im Bereich des Bienenstocks, beispielsweise in einem Glashaus, um so durch Anpflanzen bestimmter Pflanzen, die sonst um die jeweilige Jahreszeit nicht blühen, den Bienen Pollen zur Selbstheilung zugänglich zu machen. Daran schließt er aber die grundsätzliche Forderung an, in naturgemäßer Weise auf die Dinge einzugehen, nicht die Rückbesinnung auf das Alte ins Zentrum zu stellen, sondern schöpferisch nach neuen Wegen zu suchen. Mit dem rein intellektuellen analytischen Verstand kommen wir nur zu vereinzeltem Wissen, das einen komplexen Sachverhalt nicht zu erfassen vermag. Um sich dem Wesen der Bienen anzunähern oder die Qualitäten eines Bienenstandorts zu erfassen, braucht es die Fähigkeit des Sich-Hineinversetzens, das Wahrnehmen eines Ganzen, das durch das Empfinden geleitet wird. Im Sinne der erwähnten Forderung Goethes nach einer methodischen Vielfalt kann man aus dem Erleben heraus das Vorhandene erfassen und beurteilen und Lösungen zu den Fragestellungen erarbeiten, ähnlich wie in einem künstlerischen Prozess. Dadurch kann ein Ausgleich geschaffen werden zu dem, was an altem Wissen und Können verloren gegangen ist.

Auf die Idee des Ausgleichs folgt die Frage nach dem amerikanischen Klee. Daran werden die Grenzen des Ausgleichs aufgezeigt. Ist es sinnvoll, Blütenmangel mit nichteinheimischen Pflanzen zu kompensieren? Steiner warnt davor, Pflanzen aus andern Ländern anzubauen oder fremde Bienenrassen einzuführen. In dieser Hinsicht befinden wir uns heute jedoch entschieden in einer andern Lage. Über den Zuzug von ortsfremden Pflanzen und Bienenrassen können wir kaum mehr entscheiden. Die vielfältige Invasion von Pflanzen aus allen Ländern ist längst Tatsache geworden. Dass die beliebteste Acker-Bienenweidepflanze Phazelia ursprünglich aus fremden Ländern stammt, ist nicht allen bewusst. Die vielfältigen Probleme mit den invasiven Neophyten, den Pflanzen wie Solidago oder Impatiens sind jedoch bekannt. Auf die Gesamtheit der Natur wirken sie schädigend, weil sie einheimische Pflanzen und die damit zusammenhängenden Tiere verdrängen und ein Problem für die Artenvielfalt sind. Den Bienen dienen diese Pflanzen aber absurderweise zum Teil als Kompensation für den Verlust an heimischen Blütenpflanzen. Rudolf Steiner weist am Beispiel des amerikanischen Klees darauf hin, dass dies für die Bienen problematisch werden kann.

Aber auch bei den Bienenrassen sind die heimischen Bienen schon Mitte des 20. Jahrhunderts durch unkontrollierte Importe bis auf ein paar Restbestände verdrängt worden. Heute bemüht man sich mit großem Engagement, die ursprünglich heimische dunkle Biene wieder anzusiedeln und zu erhalten.

Im Bezug auf die Umwelt sind wir im Vergleich mit den von Rudolf Steiner geschilderten Zeiten längst in die Phase von Reaktion und Kompensation hineingeraten. Wir versuchen, die verletzte Umwelt «über die Runden zu bringen» und wenigstens die zunehmenden Schäden in Grenzen zu halten. Im Bezug auf das Bienenvolk sind wir jedoch gefordert, die natürlichen Fähigkeiten des Bienenvolkes wieder zu stärken und zum Tragen zu bringen.

Ich sage, das ist etwas ganz Wunderbares, dass die Biene diesen für das Leben außerordentlich nützlichen Honig aus der allgemeinen Natur eigentlich heraussaugt und in sich umwandelt. Nun werden Sie verstehen, worinnen eigentlich dieses ganze Entstehen des Honigs beruht, wenn ich Ihnen denselben Vorgang in ganz veränderter Gestalt bei Nachbarn, Verwandten der Bienen zeige, bei den Wespen. Aber bei den Wespen bekommt man keinen für die Menschheit in derselben Weise fruchtbaren Honig, obwohl man mit demjenigen, was die Wespen bereiten, in der Medizin auch sehr viel ausrichten kann. Aber es ist schon etwas ganz anderes, was die Wespe arbeitet, als wie die Biene arbeitet. Ich werde Ihnen dann später, das nächste Mal, auch von den Ameisen sprechen. Aber betrachten wir zunächst einmal eine gewisse Wespenart.

Es gibt Wespen, die haben die Eigentümlichkeit, dass sie ihre Eier irgendwohin ablegen, in Pflanzen, in Bäume, zum Beispiel in die Blätter, in die Rinde von Bäumen. Es gibt sogar solche, die sie in die Blüten von Bäumen legen. So dass es also so ausschaut:

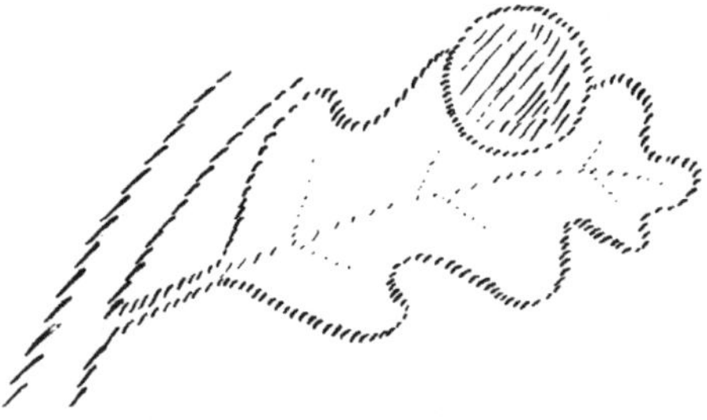

Da ist der Baumast, da ist meinetwillen ein Eichenblatt, und nun legt die Wespe mit einem Legestachel – das ist ein Stachel, der innerlich hohl ist – ihr Ei in das Eichenblatt hinein. – Was geschieht jetzt? Jetzt verändert sich da, wo das Wespenei hineingelegt worden ist, das ganze Gewebe des Blattes, das nun rundherum um das Wespenei ist. Das Blatt wäre in ganz anderer Weise gewachsen, wenn das Ei nicht hineingelegt worden wäre. Nun gut. Schauen wir uns jetzt an, was dadurch entsteht, dass das Wespenei hineingelegt worden ist. Da entsteht das, dass hier sich das Pflanzenwachstum ganz verändert, und um das Wespenei herum, herausragend aus dem Blatt, entsteht der sogenannte Gallapfel. Das sind eben diese bräunlich aussehenden Galläpfel, die Sie an den Bäumen finden. Woher sind sie entstanden? Dadurch sind sie entstanden, dass an der Stelle eine Wespe ihr Ei hineingelegt hat, und um das Wespenei herum ist jetzt diese veränderte Pflanzensubstanz. Die hüllt es ganz ein. Dieses Wespenei würde zugrunde gehen, wenn es irgendwo hingelegt würde. Das kann nur dadurch gedeihen, dass zunächst um dieses Ei herum eben diese schützende Substanz ist, die die Gallwespe der Pflanzensubstanz stiehlt. Sie nimmt sie ihr weg.

Sie sehen, die Biene, die legt ihr Ei in die Wabe hinein und sie entsteht aus Maden und so weiter, wird Biene und stiehlt nachher die Pflanzensubstanz und verarbeitet sie in sich selber. Die Wespe macht die Geschichte nun etwas früher. Die Wespe, die nimmt schon, indem sie das Ei legt, der Pflanze die Substanz, die sie braucht, weg. Also, die Biene, die wartet mit dem, was sie da tut, etwas länger als die Wespe. Die Wespe tut das früher. Bei den höheren Tieren und beim Menschen ist das so, dass sich das Ei schon im Leibe der Mutter mit einer schützenden Hülle umgibt. Da wird das aus der Mutter genommen, was die Wespe hier aus der Pflanze nimmt. Dieser Gallapfel ist einfach aus der Pflanze herausgebildet, so wie sich um den Eikeim herum im Leibe der Mutter als die Hülle das Chorion bildet, das später mit der Nachgeburt abgeht.

Sie sehen, wie die Wespe mit der Pflanze zusammengeht. In besonders wespenreichen Gegenden kann man das finden, dass die Bäume überall ganz bedeckt sind mit solchen Galläpfeln. Die Wespe lebt zusammen mit den Bäumen. Sie ist darauf angewiesen. Ihr Same könnte gar nicht gedeihen, wenn er nicht diese schützende Hülle sich bilden würde aus den betreffenden Bäumen oder Pflanzen überhaupt. Das kann auch anders aussehen. Es gibt auch Gallbildungen, die nicht wie Äpfel ausschauen, sondern die so herauswachsen, die haarig sind, so ineinander verwoben [siehe Zeichnung unten]. Aber überall ist in der Mitte der betreffende Wespenkeim drinnen. Sie können auch manchmal diese Gallen in Form von zottigen kleinen Nüssen finden. Das ist etwas, was zeigt, wie die Wespen mit den Pflanzen zusammenleben. Dann, wenn die Wespe reif ist, wenn sie herangereift ist, bohrt sie sich mit ihren Fresszangen durch und kriecht dann als Wespe aus, um, wenn sie eine Zeitlang draußen gelebt hat, wiederum in irgendein Blatt oder dergleichen ihr Ei abzulegen. So dass die Eiablage immer durchgeht durch ein Zusammenleben mit den Pflanzen.

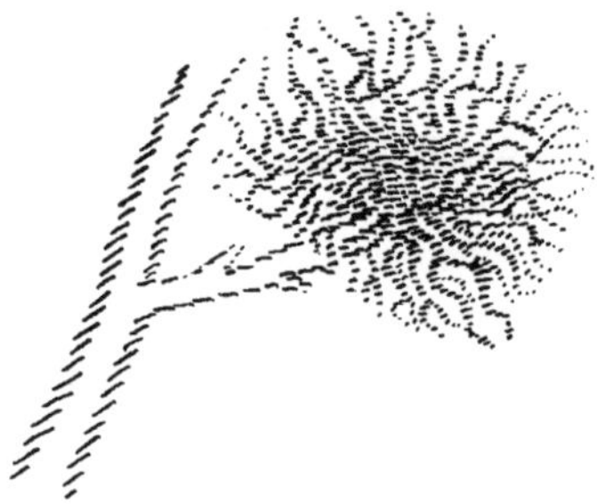

Sie könnten nun vielleicht sagen: Was hat denn das mit der Honigbereitung zu tun? – Das hat mit der Honigbereitung eigentlich sehr viel zu tun, und man kann lernen, wie der Honig zustande kommt, wenn man diese Sache ins Auge fasst. Und da gibt es auch wiederum in der früheren, ich möchte sagen, volkstümlichen Wissenschaft Instinkte, die eine solche Sache berücksichtigen. Sie wissen ja vielleicht: In südlicheren Gegenden, namentlich in Griechenland, spielt die Feigenzucht eine große Rolle. Nun gibt es sogenannte wilde Feigen, die zwar etwas süß sind, aber sie sind so, dass manche Menschen eine noch leckerere Zunge haben und noch süßere Feigen haben möchten, als die wilden Feigen eben Süßigkeit haben. Was tun nun diese Leute?

Nun denken Sie sich, da wäre ein wilder Feigenbaum. Dieser wilde Feigenbaum, der wird ganz besonders geliebt von einer bestimmten Wespenart, die da ihre Eier drinnen ablegt. Stellen wir uns also vor: Da wäre der wilde Feigenbaum, auf dem Ast eine solche wilde Feige, in die die Wespe ihr Ei ablegt.

Nun, der Feigenzüchter, der ist eigentlich in seiner Art ein ganz schlauer Kerl. Er lässt diese Wespen in den wilden Feigenbäumen, die er besonders dazu anzüchtet, ihre Eier ablegen. Nachher nimmt der Bursche zwei solche Feigen zunächst herunter in dem Zeitpunkte, wo die Wespenlarven drinnen noch nicht bis zu Ende sind, so dass die Wespen also noch lange nicht reif zum Ausschlüpfen sind, aber eine Zeit ihrer Entwicklung schon durchgemacht haben. Nun, was tut er weiter? Er nimmt einen Binsenhalm und bindet diese zwei Feigen, in denen er diese Wespenlarven nicht ganz zur Reife hat kommen lassen, mit diesem Binsenhalm zusammen, so dass sie halten. Jetzt geht er an einen Feigenbaum, bei dem er die Feigen veredeln will und hängt die zwei Feigen, die er mit dem Binsenhalm verbunden hat und worin die Wespen genistet haben, ihre Eier abgelegt haben, an den Feigenbaum an, den er veredeln will. Was geschieht nun?

Da geschieht Folgendes: Die Wespen, die spüren das, weil diese Feigen, die er abgerissen hat, die nicht mehr auf dem Feigenbaum darauf sind, jetzt trocken werden; die trocknen aus, die haben nicht mehr den Saft vom Baum. Das spürt innerlich schon die noch gar nicht entwickelte Wespe. Selbst das Ei spürt das. Und die Folge davon ist, dass sich die Wespe mit ihrem Auskriechen furchtbar beeilt. So dass also der Züchter im Frühling anfängt, diese Prozedur zu machen: Er lässt zuerst die Wespe ihre Eier ablegen. Flugs, wenn es so zum Mai kommt, nimmt er diese zwei Feigen herunter und macht damit diese Prozedur. Donnerwetter, denkt sich das Tier, das da drinnen ist, jetzt muss ich mich beeilen! Jetzt kommt ja schon die Zeit, wo die Feige wieder trocken wird! – Das Tier beeilt sich furchtbar, schlüpft viel früher aus, als es sonst ausgeschlüpft wäre. Wäre die Feige hängen geblieben, wäre es im Spätsommer ausgeschlüpft. So muss es im Frühsommer ausschlüpfen. Die Folge aber ist, dass das Tier, weil es im Frühsommer ausschlüpft, eine zweite Brut machen muss, und es legt noch im Sommer Eier, während es sonst erst im Frühjahr gelegt hätte.

Mit diesen Eiern geht die Wespe jetzt an die Feigen, die an dem Baume sind, der veredelt werden soll. Dahinein legt sie die Eier, Späteier, die nicht bis zu ihrer Reife kommen, sich nur bis zu einem gewissen Grade entwickeln. Und was geschieht dadurch? Diese Feigen, in die da die zweite Brut hineingelegt ist, die werden doppelt so süß als die anderen wilden Feigen! Das nennt man die Veredelung der Feigen, dass sie doppelt so süß werden.

Was ist denn da geschehen? Da ist das geschehen, dass die Wespen, die eben verwandte, aber andere Tiere sind als die Bienen, schon im Ei dasjenige aus der Pflanze herausgenommen haben, was zum Honig werden kann. Und wenn man in geschickter Weise, wie der Feigenzüchter, der da seine zwei wilden Feigen mit den Wespeneiern drinnen mit seinem Binsenhalm zusammenbindet und da hinaufschwingt auf den Baum, so dass sie da drinnen hängen, wenn man sie in geschickter Weise veranlasst, auch wiederum in die Pflanze hineinzuweben, was sie aufgenommen haben aus der anderen Pflanze, so lässt er sie den Honig in die Pflanze, in die er sie gehängt hat, in diese veredelten Feigen, nun als Süßigkeit hineingeben. In diese veredelten Feigen kommt die Süßigkeit dadurch hinein, dass der Honig in ganz feiner Verteilung einfach durch die

Wespe hineingetan worden ist. Das ist auf dem Umweg der Natur geschehen.

Sie sehen also: Da haben wir aus der Natur gar nichts herausgenommen, sondern drinnen gelassen die Honignatur. Die Wespe kann den Honig nicht so zubereiten wie die Biene, weil ihre Organisation dazu gar nicht taugt. Aber sie kann, wenn man sie zu diesem Umwege zwingt, von einer Feigenfrucht während ihrer Fortpflanzung in die andere Feigenfrucht die Süßigkeit ihres Honigseims herübertragen. Dann macht sie die zweite Feige, die veredelte, süß. Und es ist da drinnen eine Art von Honigsubstanz. Also, Sie sehen: Da kommen wir auf etwas ganz Besonderes. Bei diesen Wespen stellt sich das heraus, dass sie einen Körper haben, der es nicht dazu bringt, der Natur den Honigseim wegzunehmen und ihn in ihrem eigenen Körper zu Honig umzuändern. Aber sie können in der Natur selber das befördern, dass von einer Feige zu der anderen hinüber eine Art Honigbildung stattfindet.

Die Biene ist also ein Tier, das einen wespenähnlichen Körper so weit entwickelt, dass sie das nun abgesondert von dem Baum und so weiter machen kann, was bei der Wespe in dem Baum selber drinnen gelassen werden muss. Wir müssen sagen: Die Biene ist ein Tier, das mehr in sich von der Kraft behält, die die Wespe nur hat, solange sie ganz jung ist, solange sie Ei oder Made ist. Die Wespe verliert im späteren Alter die honigerzeugende Kraft, die Biene behält sie und kann sie ausüben als erwachsenes Tier. – Ja, bedenken Sie, was das bedeutet, dass man da hineinschauen kann in die ganze Natur und sich sagen kann: In den Pflanzen drinnen steckt der Honig, steckt diese nach der Zuckersüßigkeit hingehende Substanz. Die steckt da drinnen. Sie kommt auch zum Vorschein dann, wenn man nur die richtigen Wege nimmt, wenn man die Natur nur unterstützt dadurch, dass man die Wespe in der richtigen Zeit zu dem Baum, den man veredeln will, hinüberkommen lässt.

Hier in unseren Gegenden lassen sich solche Sachen nicht machen, überhaupt in der jetzigen Zeit ist das gar nicht mehr möglich, zu machen. Aber es gab einmal in der Erdenentwicklung eine Zeit, da hat man die Möglichkeit gehabt, Wespen, die man heute und die man auch schon vor zweitausend Jahren nur so verwendet hat, dass man sie, wie der schlaue Mensch, nicht wahr, zu einer zweiten Brut veranlasst hat, diese Wespen ausschlüpfen zu lassen, hat ihnen dann die Möglichkeit gegeben, Eier abzulegen in den Feigen, die nun auch gepflückt waren, und dadurch ist es nach und nach gelungen, aus den Wespen die Bienen herüberzuzüchten. Die Biene ist nämlich ein Tier, das herübergezüchtet ist aus Wespen in ganz alten Zeiten. Und heute, wie gesagt, kann man noch sehen, wie durch die Tiertätigkeit, also durch die Wespentätigkeit, diese Honigbereitung in der Natur selber vorkommt.

Und daraus können Sie auch sehen, wie es sich nun damit verhält, dass die Bienen in einer bestimmten Weise ihren Honig in Waben absetzen. Die Wabe, die ist im wesentlichen aus der Wachssubstanz bestehend. Ja, diese Wachssubstanz, die ist nicht nur dazu notwendig, dass der Honig im Allgemeinen abgesetzt wird, sondern die Biene kann den Honig nur bereiten, wenn ihr ganzer Körper in der richtigen Weise arbeitet. Sie muss also Wachs absondern.

Nun, der zweite Feigenbaum, in dem von selber die Süßigkeit entsteht, der ist auch wachsreicher als der wilde Feigenbaum. Und gerade dadurch unterscheidet sich der veredelte Feigenbaum von dem wilden, dass er wachsreicher ist. Da macht die Natur selber diesen Zusatz von Wachs. So dass die veredelte Feige, die süße Feige an einem Baum gedeiht, der sich von selbst innerlich in einer gewissen Weise wachsreicher macht. Da können Sie schon dasjenige vorgebildet finden, was in der Bienenzucht auftritt.

Aber wenn Sie nun ganz genau zu Werke gehen, dann können Sie bei der veredelten Feige den Stamm nehmen, ihn durchschneiden, und Sie bekommen nun, wenn Sie nachsuchen, merkwürdigerweise solche Zeichnungen [siehe Zeichnung unten], wie Wachszellen. Aus diesem Wachs, das sich in dem Stamm drinnen absetzt, bilden sich solche Gewächse, nämlich eine Art von Bienenzellen. Die veredelte Feige wird wachsreicher, und da drinnen im Stamm ordnet sich das Wachs auch in einer Art von Zellform an. So dass man sagen könnte: Schauen wir uns diese Feigenveredelung an, dann haben wir da eine nicht aus der Natur herausgeschlüpfte Honigzucht, nur dass der Honig in der Feige drinnen bleibt.

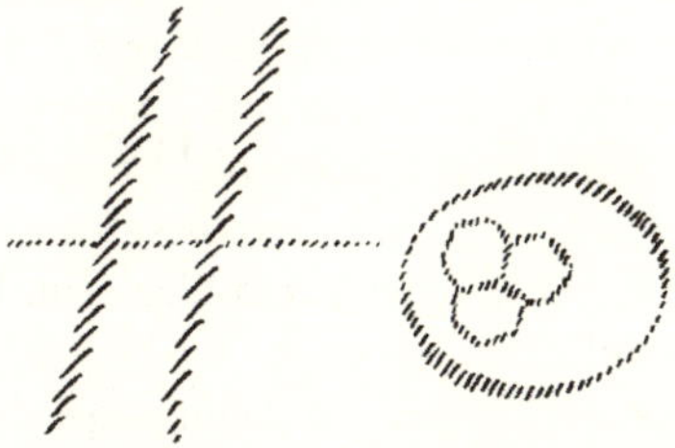

Die Biene, die zieht das, wenn ich so sagen darf, an die Öffentlichkeit heraus, was da, bei der veredelten Feige, innerhalb der Natur selber bleibt. Die Biene zieht es an die Öffentlichkeit heraus. Dadurch wird das Wachs, das sonst im Stamm drinnen geblieben wäre und da eine Art von Naturzellen gebildet hätte, die nur nicht so deutlich sind, nicht so massiv sind, die nur so angedeutet sind und gleich wieder verschwinden, heraufgetrieben in die Feige. Die ganze Wachs- und Honigbildung ist dann in der Feige drinnen. Diese ganze Bienenzucht, die da drinnen ist, die ist im Baume selber, so dass die ganze Natur ein Bienenzüchter ist.

Was hat die Biene zunächst getan? Die Biene hat zunächst ein Ei abgelegt, hat das Ei in den Bienenstock hineingelegt, das Ei ist reif geworden. Jetzt braucht sie nicht die Substanz da zu einem Gallapfel zu verwandeln, sondern nimmt gleich aus der Pflanze heraus den Honigseim. Sie geht auch nicht an den anderen Baum, der wachsreicher wird, sondern macht sich gewissermaßen das, was sich sonst im Stamme bildet, den Wabenzusammenhang, von sich selber und legt da den Saft hinein, der jetzt als Honig da ist, während er bei der veredelten Feige als Saft die ganze Feige ausfüllt. So dass man sagen kann: Es geht eben in der Öffentlichkeit das vor sich, was in der Natur sonst im Bereich der Bäume bleibt, zwischen den Bäumen und den Wespen selber ausgemacht wird. – Und daran sehen Sie wirklich ganz klar, was Sie eigentlich vor sich haben, wenn Sie einen Bienenstock mit seinen so kunstvoll aufgebauten Wachswabenzellen haben. Es ist eigentlich ein wunderbarer Anblick – nicht wahr, Herr Müller? – Ein wunderbarer Anblick muss diese künstliche Zusammensetzung dieser Wachswabenzellen sein. Und da drinnen nun Honig!

Ja, schauen Sie sich das an. Dann sagen Sie sich: Donnerwetter, die Biene, die stellt eigentlich in ihren wunderbaren Wachswabenzellen eine Art von künstlich aufgebautem Baumstamm mit seinen Verästelungen dar! In den Baum selber geht sie nicht hinein, ihre Eier abzulegen, aber sie baut sich draußen etwas wie ein Bild des Baumes, und statt dass sie die Feige daran wachsen lässt, setzt sie den Honig schon in die fertigen Waben hinein. Wir haben also in diesem durch die Biene eine Art von Nachbild des künstlich veredelten Feigenbaumes gemacht.

Das ist tatsächlich ein Blick in das Innere der Natur, der Ihnen zeigen wird, wie man von der Natur selber lernen kann. Aber man muss eben von der Natur lernen können. Die Menschen werden noch viel von der Natur lernen. Aber sie müssen erst den Geist in der Natur sehen; dann werden sie solche Sachen lernen. Sonst, nicht wahr, steht man und hält Maulaffen feil, wenn man nach dem Süden reist und sieht da den schlauen Kerl, der seine angestochenen Feigen zusammenbindet mit dem Binsenhalm und sie dann hinaufschleudert auf den wilden Feigenbaum – hält Maulaffen feil wie die Reisenden, selbst wenn es Wissenschafter sind, die nicht wissen, warum er das tut: Weil er damit die Bienenarbeit spart, indem ihm die Natur schon den Honig in die Feigen hineintut. Und die Feigen sind in ähnlicher Art in der Gegend, wo sie gedeihen, gesund wie der Honig, weil der Honig in ihnen schon in seinem Anfangsstadium vorhanden ist.

Das sind die Dinge, die man sich schon einmal vergegenwärtigen soll, wenn man etwas so Wichtiges und Einschneidendes besprechen will wie die Bienenzucht. Ich glaube, dass man dadurch allmählich in gewisser Weise schon zu etwas richtigeren Anschauungen vordringen wird.

R. Hahn: Nach dem Vortrag trat ich an Herrn Dr. Steiner mit der Frage heran, was die Ursache der Bienenfaulbrut sei. Er meinte, Bestimmtes darüber könnte er erst dann sagen, wenn er die Krankheit wirklich untersucht hätte. Aber wahrscheinlich handle es sich bei der Bienenfaulbrut um eine fehlerhafte Zusammensetzung der Harnsäure der Bienenkönigin. Er sagte dann noch: «Nicht wahr, auch die Biene hat ja Harnsäure in ihrem Organismus; es wird schon so sein, dass die fehlerhafte Zusammensetzung der Harnsäure die Ursache dieser Erkrankung ist.»

Über die in dem gleichen Vortrag erwähnte Herüberzüchtung der Biene aus der Wespe sagte er auf eine bezügliche Frage etwa: «Dieser Vorgang hat in der alten Atlantis stattgefunden, wo die einzelnen Tierformen noch nicht so fest in sich abgeschlossen waren wie heute, wo noch keine so feste Grenze zwischen den einzelnen Arten war. Heute wäre eine solche Herauszüchtung nicht mehr möglich.»

Die Herkunft des Bienenvolks

Ist das Bienenvolk ein Haustier oder ein Wildtier? Das ist eine Frage, die in der heutigen Zeit als offen angesehen werden muss. Denn das Bienenvolk kennt keine Unterscheidung in eine Wildform und eine Zuchtform. Das spricht für das ursprüngliche Wildtier. Aber der Mensch lebt mit den Bienen eng zusammen, das Bienenvolk wohnt in menschlichen Behausungen oder doch oft in Siedlungsnähe, und die beiden verbindet ein intensives Geben und Nehmen. Die Möglichkeit einer persönlichen Beziehung wurde schon erwähnt. Vieles spricht auch für die Biene als Haustier oder zumindest für ein Dasein als Kulturbegleiter. Was die Entstehungsgeschichte betrifft, so gehen wir davon aus, dass das Bienenvolk sich parallel mit den Blütenpflanzen entwickelt hat. Diese lassen sich seit ca. 100 Millionen Jahren nachweisen. Es gibt in Bernstein konservierte Bienen, deren Gestalt sich nicht von unseren Honigbienen unterschiedet und deren Alter auf 60 Millionen Jahre datiert wurde. Es kann sich um Solitärbienen handeln, denn auf die Frage nach dem Zusammenleben der Bienen geben die Funde keine Antwort. Über die Entstehung der Gemeinschaft Bienenvolk wissen wir gar nichts.

Und dennoch, Rudolf Steiners Beschreibung der Herauszüchtung der Biene aus der Feigenwespe löst bei vielen Menschen Kopfschütteln aus. Hier liegt ein Stolperstein, auch wenn auf die nachträglichen Fragen von Herrn Hahn der Zeitpunkt dieses Vorgangs in die «alte Atlantis» verlegt und bemerkt wird, dass damals die Artengrenze nicht so fest waren wie heute. Man kann jedenfalls nicht von vornherein ausschließen, dass die Bienen durch den Menschen aus einer den Wespen nahe stehenden Urform im Lauf der Zeit herausgezüchtet wurde.

Bemerkenswert ist an dieser Stelle des Vortrags, dass die Zucker- und Nektarbildung im Pflanzenbereich in Beziehung gebracht wird mit der Wachsbildung und der Bautätigkeit der Bienen sowie den Kieselsäurekräften und deren Tendenz, sechseckige Kristalle zu bilden.

Rudolf Steiner spricht auch in andern Zusammenhängen von der Herkunft der Honigbiene aus frühen Zeiten.

Nun gehen wir zurück auf den ersten Saturnzustand, wo der Mensch ein geistig-seelisches Wesen war, das überhaupt immer denselben Leib hatte, das sich unsterblich wusste auf niederer Stufe und seinen Leib fortwährend umwandelte. Dieser Zustand ist uns noch erhalten geblieben bei einem Wesen, das in seinem Gemeinschaftsleben ein ganz eigentümliches ist, und das, wenn man es als Gruppenseele betrachtet, in gewisser Beziehung höher steht als der Mensch. Ich meine die Biene. Der ganze Bienenstock muss anders betrachtet werden als die einzelne Biene. […]

Es ist sehr interessant, einen Parallelismus zu verfolgen, von dem die physische Wissenschaft nicht viel sagen kann. Was hat denn der heutige Mensch vom Saturnzustand noch in sich? Die Wärme! Die Blutwärme. Was damals im ganzen Saturn verteilt war – die Wärme –, das hat sich herausgelöst und bildet heute das warme Blut des Menschen und der Tiere. Wenn Sie die Temperatur eines Bienenstockes untersuchen, so finden Sie ungefähr dieselbe Temperatur, wie sie das menschliche Blut hat. Der ganze Bienenstock entwickelt also eine Temperatur, die der Bluttemperatur des Menschen entspricht und die auf dieselbe Entwicklungsstufe zurückgeht wie das menschliche Blut. Daher bezeichnet der Okkultist die Biene als aus der Wärme heraus geboren, als Wärmewesen, wie er den Schmetterling bezeichnet als aus Luft geboren, als Luftwesen, den Fisch als Wasserwesen und die Schlange als Erdenwesen.

Die Wärmebildung innerhalb des Bienenvolks zeigt, wie bereits beschrieben, eine Entwicklung, zu der es in der Insektenwelt nichts Vergleichbares gibt. Wie sie zustande kommt, ist schwer verständlich, gerade weil es auch keine Übergänge und Nachahmer oder Parallelentwicklungen unter den Insekten gibt. Man kann den Eindruck gewinnen, als rühre diese Entwicklung von anderswo her. Im Text klingt die Nähe zum Menschen schon in alten Erdzuständen an. Die Herkunft der Honigbiene bleibt damit ein Rätsel. Es ist dies ein Rätsel mehr, das die Bienen umgibt; das Bienenvolk bleibt ein Tier, das in seiner Art und Erscheinung unter verschiedenen Aspekten schwierig einzuordnen ist.

Kapitel VII: Bienen, Wespen und Ameisen

Es wird gefragt, was für eine Verwandtschaft es zwischen Bienen und Blumen gibt, was die beiden so verbindet, und was der Honig dem Menschen sein sollte und ist. Dann wird noch einmal auf die Eiablage zurückgegriffen.

Nun, darüber wollen wir im heutigen Vortrag noch einmal sprechen. Die Sache ist diese: Wir haben dieses Befruchten der Königin beim Befruchtungsflug. Da ist also die Königin zunächst befruchtet worden. Dann haben wir die Zeit in Betracht zu ziehen, die verläuft von der Eiablage, bis das Insekt vollständig fertig ist, bis die Biene da ist. Diese Zeit, die beträgt bei der Königin 16 Tage, bei der Arbeitsbiene 21 Tage, bei der Drohne 22 bis 24 Tage. Also, diese drei Gattungen von Bienen sind zunächst verschieden voneinander dadurch, dass sie zu verschiedener Zeit fertig werden. Was ist da zugrunde liegend? Wenn aus einer Bienenmade eine Königin wird, so wird sie es namentlich dadurch, dass die Made von den Bienen selber in einer bestimmten Weise gefüttert wird. Sie werden ja etwas anders gefüttert von den Bienen, die Königinnen; dadurch wird das Wachstum beschleunigt.

Nun ist die Biene ein Sonnentier, und die Sonne braucht ungefähr so viel Zeit, um sich einmal um sich selber herumzudrehen, wie eine Drohne braucht, um sich zu entwickeln. So dass also die Königin nicht abwartet mit ihrer Entwicklung, bis die Sonne sich vollständig umgedreht hat, das heißt, sie bleibt ganz im Bereich von einer einzigen Sonnenumdrehung. Dadurch kommt sie dazu, sich so zu entwickeln, dass sie ganz unter den Einfluss der Sonne gelangt. Dadurch wird sie eben eine eierfähige Biene. Also, alles das, was Eierfähigkeit ist, das steht unter dem Einfluss der Sonne respektive des Weltalls auch.

In dem Augenblicke, wo nun so gefüttert wird, dass die Biene sich so schnell entwickelt, dass sie, wie bei der Arbeitsbiene, fast eine ganze Sonnenumdrehung durchmacht, da kommt die Biene schon näher unter den Einfluss der Erdenentwicklung. Je mehr die Sonne weitergeht, desto mehr kommt die Biene unter den Einfluss der Erdenentwicklung. Jetzt ist die Arbeitsbiene zwar noch sehr stark ein Sonnentier, aber schon etwas ein Erdentier. Und jetzt ist die Drohne, die ungefähr so lange sich entwickelt wie die Sonne zu einer ganzen Umdrehung braucht, ein vollständiges Erdentier; die macht sich also von der Sonne los.

Nun haben wir dreierlei. Wir haben die Sonnenkönigin; wir haben die Arbeitsbiene, in der wir noch außerirdische Kräfte haben, und wir haben die Drohnen, die nichts mehr haben von der Sonne, die ganz Erdentiere sind. Alles, was sonst geschieht, geschieht nicht unter dem Einfluss der Erdenkräfte, sondern nur die Befruchtung selber.

Nun ist das Eigentümliche dieses. Betrachten Sie nur einmal die Befruchtungsflucht. Die niederen Tiere haben nämlich die Befruchtung gar nicht gern; sie wollen sich ihr entziehen. Das können wir überall nachweisen. Daher ist es eigentlich eine Flucht, die die Königin anstellt zur Sonne. Denn die Befruchtung findet ja nicht statt, wenn es trübe ist. Und da müssen die Drohnen, die das Irdische in das Sonnenhafte hineinbringen wollen, sogar kämpfen in der Luft. Und diejenigen, die dann schwach sind, bleiben zurück. Nur diejenigen, die die letzte Kraft behalten und so hoch fliegen können wie die Königin, die können die Befruchtung leisten.

Dadurch aber, dass die Königin befruchtet ist, ist noch nicht jedes Ei befruchtet, sondern nur ein Teil der Eier in der Königin wird befruchtet; das werden Arbeitsbienen oder Königinnen. Ein Teil wird nicht befruchtet im Leibe der Königin; das werden Drohnen. Wenn also die

Königin gar nicht befruchtet wird, entstehen lauter Drohnen. Wenn die Königin befruchtet wird, dann entstehen Drohnen [aus den unbefruchteten Eiern] oder Arbeitsbienen und Königinnen, weil der Keim befruchtet wird, also das Himmlische in ihm mit dem Irdischen in Berührung kommt.

So dass also schon auch dann, wenn neben den Drohnen Arbeitsbienen sind, die Drohnen davon herrühren, dass sie also am meisten dem Irdischen dann ausgesetzt sind, weil eben eine Befruchtung nicht stattgefunden hat. Sie müssen eben dann erst recht dem Irdischen ausgesetzt werden, damit sie überhaupt lebensfähig bleiben. Sie müssen länger ernährt werden und so weiter. Befriedigt Sie das?

Fragesteller: Ich habe vor Jahren einmal gehört, dass wenn einen eine Biene oder eine Wespe sticht und man Rheumatismus hat, so soll der Rheumatismus zurückgehen.

Da komme ich auf eine Frage zurück, die vielleicht am letzten Montag nicht berücksichtigt worden ist. Herr Müller hat von einem Manne erzählt, der, wie es scheint, etwas herzkrank gewesen ist, umgefallen ist von einem Bienenstich.

Herr Müller: Der Arzt riet ihm, die Bienenzucht aufzugeben, da es sonst noch sein Tod wäre!

Die Herzkrankheit, die bezeugt ja nichts anderes, als dass bei diesem Menschen die Ich-Organisation nicht ordentlich eingreift. Da kommt in Betracht, was Sie aus meinen Vorträgen kennengelernt haben. Sie wissen, wir haben vier Teile beim Menschen unterschieden: Erstens den gewöhnlichen physischen Leib, den man angreifen kann, zweitens den Ätherleib, drittens den astralischen Leib und viertens die Ich-Organisation. Diese Ich-Organisation greift ins Blut ein, und diese Ich-Organisation treibt eigentlich das Blut, und wie das Blut getrieben wird, so schlägt das Herz. In den Büchern finden Sie überall eine ganz falsche Darstellung. Da finden Sie dargestellt, wie wenn das Herz eine Pumpe wäre und von da das Blut überall hingepumpt würde in den ganzen Körper. Das ist Unsinn, weil in Wirklichkeit das Blut nicht gepumpt, sondern von der Ich-Organisation selber getrieben wird und infolgedessen überall in Bewegung kommt.

Wenn jemand behauptet, dass das Herz es ist, welches das Blut treibt, dann soll der Betreffende auch gleich behaupten, wenn er irgendwo eine Turbine anbringt, so treibe die Turbine das Wasser. Jedermann weiß, dass das Wasser die Turbine treibt. Geradeso hat der Mensch solche Widerlagen. Da schlägt das Blut an und treibt das Herz. Nur dass das Blut einmal hinstößt, und indem der Sauerstoff mit dem Kohlenstoff sich verbindet, stößt es zurück; dadurch schnappt es einmal vor, einmal zurück. Dadurch entsteht der Herzstoß. Also, es ist so, dass in der Blutzirkulation unmittelbar die Ich-Organisation des Menschen eingreift.

Nun ist es so, dass diese Ich-Organisation eigentlich im Bienengift drinnen auf eine geheimnisvolle Weise enthalten ist. Dasjenige, was Sie haben als die Kraft, die in Ihrem Blute zirkuliert, das ist auch im Bienengift drinnen. Und es ist interessant, dass die Biene das Bienengift in sich drinnen braucht. Die Biene braucht das Bienengift nicht etwa bloß aus dem Grunde, damit sie stechen kann. Das kommt nur zufällig noch dazu, dass sie auch stechen kann. Die Biene braucht das Bienengift in sich selber, weil die Biene dieselbe Zirkulationskraft braucht, die der Mensch im Blut hat.

Der Bienenstock, habe ich Ihnen gesagt, ist wie ein ganzer Mensch. Nun denken Sie sich, Sie kriegen das Bienengift in den Leib hinein, das heißt also ins Blut. Es geht gleich, wie jedes Gift, das in den Leib kommt, ins Blut über. Nun denken Sie, Sie seien ein normaler Mensch. Ihr Blut wird dadurch mehr in Bewegung kommen. Dadurch kommen Entzündlichkeiten, aber Ihr Herz wird es vertragen. Ist aber einer herzkrank und es wird die Ich-Organisation durch das Gift verstärkt, so schlägt das auf eine etwas kranke Herzklappe auf, und die Folge davon ist, dass ein Mensch ohnmächtig werden oder gar sterben kann. Das ist der Fall, den Herr Müller erzählte.

Nun aber ist es das Eigentümliche: Alles dasjenige, was einen Menschen krank machen oder töten kann, kann ihn auch heilen. Und das ist ja die große Verantwortlichkeit, die man bei der Bereitung von Heilmitteln hat, weil es gar keine richtigen Heilmittel gibt, die nicht, wenn sie falsch angewendet werden, dieselben Krankheiten hervorbringen können, die man mit ihnen heilen kann. Wenn Sie also bei einem Menschen eine gewisse Ohnmacht oder gar den Tod durch das Bienengift hervorbringen können, was geschieht denn da? Ja, sehen Sie, wenn ein Mensch ohnmächtig wird, so zieht sich aus seinem physischen Leib der astralische Leib und namentlich das Ich zurück, geht heraus wie im Schlafe, aber im Schlafe auf gesunde, in der Ohnmacht auf krankhafte Weise. In der Ohnmacht bleibt das Ich nämlich stecken, im Schlaf geht es ganz heraus. Wenn der Mensch eine schwache Ich-Organisation hat, bringt er es nicht wieder hinein. Man muss ihn rütteln und schütteln, damit er aus der Ohnmacht aufwacht, seine Atmung stärker machen und dergleichen. Man muss da irgendwelche künstlichen Dinge anwenden. Sie wissen ja auch: In solchen Fällen muss man die Vorderarme des Menschen nehmen, sie über der Brust kreuzen, zurücklegen und dann wiederum nach vorne. So macht man diese künstliche Atmung bei einem Ohnmächtigen. Diese künstliche Atmung besteht immer darinnen, dass man eben durchaus die Ich-Organisation wiederum richtig in den Organismus hineinbringen will.

Nehmen Sie nun aber an: Es hat jemand Rheumatismus oder selbst Gicht oder auch andere Ablagerungen im Körper. Da ist es so, dass man versuchen muss, die Ich-Organisation zu verstärken. Denn warum hat man Rheumatismus oder Gicht? Weil die Ich-Organisation zu schwach ist. Sie bringt das Blut nicht in die richtige Bewegung. Sie muss angeeifert werden. Wenn das Blut nicht in der richtigen Bewegung ist, zu langsam zum Beispiel fließt für den betreffenden Organismus, dann lagern sich überall kleine Kristalle ab, und die gehen dann in die Umgebung der Blutadern hinein. Diese kleinen Kristalle bestehen aus Harnsäure. Die füllen den ganzen Körper aus. Das ist die Gicht oder der Rheumatismus. Da ist die Ich-Organisation zu schwach.

Gebe ich jetzt dem Menschen die richtige Dosis von Bienen- oder Wespengift, wird seine Ich-Organisation verstärkt. Nur darf man nicht zu viel geben, sonst kann die Ich-Organisation sich nicht behaupten. Wenn man aber just so viel gibt, dass die Ich-Organisation verstärkt wird, kann man mit Bienengift oder Wespengift ein sehr gutes Heilmittel erzeugen. Nur muss man es mit einem anderen Mittel vermischen. Solche Dinge werden gemacht. Es ist zum Beispiel das alte sogenannte Tartarusmittel in einer ähnlichen Weise, allerdings aus anderen Substanzen, fabriziert.

Also, man kann immer gerade durch diese Giftstoffe Arzneimittel herstellen, wie zum Beispiel hier zur Verstärkung der Ich-Organisation. Aber wenn man solch ein Heilmittel anwendet, muss man den betreffenden Patienten kennen. Sagen wir zum Beispiel, jemand hat Gicht oder Rheumatismus. Die erste Frage ist diese: Ist sein Herz gesund, das heißt, funktioniert sein Herz gut unter der Einwirkung der Blutzirkulation? – Ist dieses der Fall, dann kann man ihn heilen mit Bienen- oder Wespengift. Ist sein Herz nicht gesund, dann muss man da unterscheiden. Bei den nervösen Herzkrankheiten, bei denen schadet es nicht so viel, aber wenn man eine Herzkrankheit hat, die von einem Klappenfehler kommt, muss man schon sehr vorsichtig sein mit einem solchen Mittel. Es schlägt schon sehr stark an auf die Klappe, auf das Herz, mit Bienen- oder Wespengift. Ist die Klappe krank, dann können unter Umständen diese Heilmittel gar nicht verwendet werden. Das ist eben die Sache. Daher ist es so gefährlich, im Allgemeinen zu sagen, irgendein Mittel ist ein Mittel gegen diese oder jene Krankheit. Sie können ganz gut sagen: Ich mache ein Präparat, ein Heilmittel. In das tue ich Wespengift oder auch Bienengift hinein – solch ein Heilmittel haben wir sogar –, vermische es mit irgendwelchen Bindemitteln, mit gelatineartigen oder anderen Bindemitteln aus Pflanzen heraus, dann wird es in die Ampulle gegeben, und dann wird es eingeimpft, geradeso wie der Bienenstich auch eingeimpft wird. Nur ist die Reaktion beim Bienenstich eine furchtbar viel größere. Und man kann dieses Heilmittel fabrizieren und kann sagen: ein Heilmittel gegen Rheumatismus.

Ja, das ist nicht die einzige Sorge, die man hat, sondern die Sorge ist diese, ob der Kranke das Heilmittel verträgt nach seinem allgemeinen organischen Gesundheitszustand. Diejenigen Mittel, die eben tiefer in den Organismus hineingehen, müssen eigentlich erst gegeben werden, wenn man den Kranken wirklich nach seinem allgemeinen Gesundheitszustand geprüft hat. Das muss man alles wissen, wie es mit seinem Gesundheitszustand steht. Wenn Sie daher irgendwo Mittel finden, die einfach allgemein angepriesen werden als diese oder jene Mittel, dann sind sie meistens solche Mittel, die wenig schaden können und doch nützen. Solche Mittel können in den Handel kommen. Man kann auch einverstanden damit sein, wenn in Wirklichkeit auch etwas unangenehme Folgen dabei sind. Das Kurieren hat immer unangenehme Folgen. Der Kranke muss dann immer die Nachkur erst überwinden, wenn man ihn kuriert bei einer Krankheit.

Heute lassen sich ja sehr viele Leute kurieren, die in Wirklichkeit nicht krank sind. Und vor dem Krieg war dies noch viel mehr der Fall. Die Ärzte leiden ja in den valutakranken Ländern am meisten, weil die Menschen sich jetzt nicht mehr so viel kurieren lassen. Früher haben sich die Gesunden, Leichtkranken, Kranken, Allerschwerstkranken kurieren lassen; jetzt können sich nur die Schwerstkranken in mitteleuropäischen Ländern kurieren lassen!

Wenn nun einer ein furchtbar starker Kerl ist und er kriegt Rheumatismus – meistens ist es dann kein richtiger Rheumatismus, sondern es sind gichtartige Zustände –, dann kann ein Bienenstich, wie Herr Burle gesagt hat, außerordentlich günstig auf ihn wirken. Er kann geheilt werden, weil er die Reaktion verträgt.

Nur ist es meistens so, dass ein gewöhnliches Menschenkind, wenn es Rheumatismus hat, zwar eine richtige Dosis Bienengift, die man ihm zubereitet, auch richtig als Heilmittel natürlich vertragen kann, auch damit kuriert werden kann. Aber von einem ganzen Bienenstich wird in der Regel eine so starke Entzündung eintreten, dass dann die Entzündung abgeheilt werden muss, das Bienengift womöglich rasch beseitigt werden muss, und dann wird für den Rheumatismus von dem Bienengift nicht mehr viel übrig bleiben können. Das wird beim normalen Menschen schon durchaus so sein, dass da nicht viel übrig bleiben kann.

Aber nehmen wir jetzt folgenden Fall. Der Rheumatismus kann ja auch in der folgenden Weise eintreten: Ein Mensch arbeitet nicht viel, isst aber sehr viel. Da wird er meistens auch ein recht gesundes Herz haben, wenn er nicht viel arbeitet, viel isst, so lang, bis die Geschichte anfängt sengerig zu werden.

Das Herz ist nun ein außerordentlich widerstandsfähiges Organ und lässt sich eigentlich erst im Lauf von Jahren, wenn es nicht durch Vererbung oder von Jugend auf verdorben ist, von innen aus verderben. Aber solch ein Mensch, der außerordentlich viel isst, der trinkt dann auch zum Essen viel Alkohol. Dadurch wird die Ich-Organisation angeregt, die Blutzirkulation sehr heftig. Da kann das Herz mit seinen Stößen gar nicht mehr nachkommen. Es lagert sich Gift, Harnsäure und so weiter überall ab. Da ist unter Umständen sein Herz noch lange recht stark, und überall sitzt schon Gicht und Rheumatismus. Da kann unter Umständen ein Bienenstich sogar außerordentlich gute Dienste leisten bei einem solchen Menschen.

Herr Burle: Ich weiß nicht, ob bei dem Menschen, von dem man das sagt, zu gleicher Zeit ein bisschen Alkoholismus vorhanden war.

Sie meinen, Sie haben es nicht untersucht? Sie sehen, dass man gerade, wenn man solche Heilmittel hat wie das Bienengift – und das ist ein starkes Heilmittel –, sich ganz klar darüber werden muss, dass man auf den Gesundheitszustand des ganzen Menschen eine außerordentlich große Aufmerksamkeit verwenden muss.

Herr Müller sagt, dass er Rheumatismus durch Erkältung bekommen habe, ihn mit Sonne behandelt habe, wodurch er verschwunden sei; diesen Sommer habe er sich wieder etwas eingestellt. Er war auch des Glaubens, dass man durch Bienenstiche helfen könne; aber er habe einmal einen unglücklichen Tag gehabt, an dem er an beiden Beinen gestochen worden sei und etwa zweiunddreißig Bienenstiche gehabt habe. Der einzige Nachteil, den er empfunden habe, sei gewesen, dass er acht Tage wie in Regenbogenfarben gewesen sei. Es gebe auch nicht immer Schwellungen.

Der menschliche Körper ist eben verschiedenartig gebaut. Wie schon ausgeführt: Der eine kann bei einem Bienenstich sich den Tod holen, während er zum Beispiel schon sechzig Stiche gehabt habe, ohne dass das Herz schneller geschlagen hätte. Der eine sei halt widerstandsfähiger wie der andere.

Als Sie die vielen Bienenstiche bekommen haben, haben Sie da schon lange mit Bienen gearbeitet?

Herr Müller: Viele Jahre!

Sie erinnern sich vielleicht nicht daran, wie Sie das erste Mal gestochen wurden. Wenn einer zum ersten Mal gestochen wird, bekommt er mehr oder weniger die Wirkung zu spüren. Der Mann, von dem Sie erzählt haben, ist sicher das erste Mal von einer Biene gestochen worden. Und wenn man so ein Gift einmal im Leibe gehabt hat, also im Blut, wird man immer mehr und mehr fähig, gegen dieses Gift aufzukommen, immer mehr und mehr immunisiert, wie man sagt. Wenn einer also im Anfang seiner Bienenzucht ein bisschen gestochen worden ist und er ist sonst ein herzgesunder Mensch, so hat das auf ihn so gewirkt, dass er immer unempfindlicher und unempfindlicher wird. Wenn man weiß, man ist gesund, kann man es sogar so machen, dass man einmal von einer Biene gestochen wird, damit man dann weiter sich stechen lassen kann; es treten dann die Erscheinungen ein, man kriegt also Regenbogenfarben und so weiter, aber es läuft an der Außenseite ab. Das Blut ist immunisiert. Das hängt nicht nur von der Organisation ab, sondern davon, was man vorher ins Blut hineingebracht hat. Es wundert mich, dass der Arzt, der das beobachtet hat, was Sie erzählt haben, ihm nicht gesagt hat: Das zweite Mal wird es nicht so schlimm wirken, und das dritte Mal wird er immunisiert sein. – Aber vielleicht war er so stark herzkrank, dass man ihn nicht der Gefahr aussetzen konnte. Das muss man auch berücksichtigen.

Nicht wahr, heute ist es nur eine gefährliche Geschichte, weil es auch Ärzte gibt, die meinen, jeder Bienenvater müsste erst, bevor er anfängt, geimpft werden. Wenn die Leute in den Krieg ziehen, so werden sie mit allen Giften durchsetzt. Das ist ja auch wieder nicht etwas, was man empfehlen kann. Das geht natürlich auch nicht, weil das Blut zu einer Art von Unratbildung werden kann. Es wird ja das Blut immer etwas verschlechtert dadurch, dass man diese Sachen in sich bekommt. Das gleicht sich nach einiger Zeit wiederum aus. Nach einiger Zeit ist das Blut allerdings gesund, aber es ist geschützt gegen neue Gifte, die von derselben Art sind.

Herr Müller: In Bezug auf Drohnen und dreierlei Eier: Herr Doktor hat schon so weit alles erledigt, nur ein Punkt ist vielleicht Herrn Doktor nicht bekannt. Wenn der Bienenstock, wie man meint, ganz gesund ist, so treten Zeiten ein, wenn die Königin minderwertig ist, oder wenn die Königin zu alt wird, wo die ganze Eiablage, die die Königin legt, in Drohnen übergeht. Er sei nach seinen dreißigjährigen Erfahrungen überzeugt davon, dass das der Fall sein kann, dass die Königin in ihrem minderwertigen Zustand, bei Krankheit oder Altersschwäche, noch in der Lage ist, das eine oder das andere gute Ei zu legen, dass aber die Mehrzahl aller Eier Drohneneier seien.

Dann, wie sich das verhält mit der Honigfabrikation der Bienen, wie die ihn erzeugen, ob der Imker mit Zucker nachhelfen müsste? Aus den Ausführungen, die hier gepflogen worden sind, ist hervorgegangen, dass der Imker keinen Zucker gebrauchen darf oder soll. Wenn jemand während der Tracht Zucker füttert, kommt er auf die Schwarze Liste – wie es ist, wenn man einen Arbeiter nicht mehr haben will, der sich missliebig gemacht hat.

Mit ausländischem Honig habe er schlechte Erfahrungen gemacht.

Das ist natürlich schon ganz richtig, dass man da auch nicht dasselbe Produkt bekommt, wenn man Zucker in künstlicher Weise verwendet. Und wenn es ja doch so sein soll, dass irgend jemand noch extra Zucker neben dem Honig genießen will, kann er das ja selber tun. Geradeso wie man nicht jemandem Wasser in den Wein hineintun soll mit der Begründung, die Leute sollen nicht so starken Wein trinken, sondern es handelt sich darum, dass man dasjenige kriegt, was auf der Etikette steht. Das muss schon so sein. Und so ist in dieser Beziehung auch die gegenseitige Kontrolle der Imker am allerbesten, weil die auch am allermeisten davon verstehen.

Was die Sache mit den Drohnen betrifft, möchte ich doch auch noch dieses sagen. Es kann schon vorkommen, dass man von vornherein eine Vermutung hat, dass die Bienenkönigin nicht ordentlich befruchtet worden ist und zu viele Drohnen ausschlüpfen. Dann könnte man, wenn man es den Bienen nicht selber überlassen will – wenn zu viel Drohnen ausschlüpfen, werden die Bienen das nicht tun, diese Versuche sind gemacht worden –, durch eine besonders starke Fütterung noch erreichen, dass sie früher auskriechen, nicht erst mit dreiundzwanzig, vierundzwanzig Tagen, sondern mit zwanzig, zweiundzwanzig Tagen. Dann können die Drohnen auch noch zu etwas vertrottelten, aber doch ähnlichen Bienen werden wie die Arbeitsbienen. Nur wird es auf die Dauer nicht gehen. Man sieht nur daraus, wie die Zeit einen Einfluss hat.

Das sind natürlich Dinge, die wahrscheinlich in der praktischen Bienenzucht gar nicht gemacht werden. Aber theoretisch sind die Dinge so. Man kann schon sagen: Es wirkt sehr stark, wie man füttert, und es ist auch durchaus nicht in Abrede zu stellen, dass es in dem einen oder anderen Falle einmal gelungen ist, aus einer Arbeitsbiene eine spärlich eierlegende Biene zu bekommen, wenn auch keine richtige Königin.

Das alles zeigt, wie verwandelbar solch ein Tier ist. Aber das hat auf die praktische Bienenzucht nicht viel Einfluss.

Herr Müller: Man nennt das Afterkönigin. Das ist eine Krankheit im Bienenstock.

In der praktischen Bienenzucht ist es von keiner großen Bedeutung. Aber im Bienenstock ist eben die Tendenz, dass das Volk selber durch die besondere Fütterungsmethode so etwas machen kann wie aus einer sonst bloß arbeitenden Biene eine eierlegende Biene. Das ist eine Art Krankheit. Der Bienenstock ist eine Einheit. Es ist dann der ganze Bienenstock krank. Geradeso wie wenn Sie eine Gans nudeln. Dann werden die Leberkräfte ganz besonders stark entwickelt, und die Leber wird übergesund und der ganze Organismus wird krank. Wenn man eine Arbeitsbiene dazu bringt, dass sie eine Königin wird, ist sie eigentlich eine übergesunde Arbeitsbiene, aber der ganze Bienenstock ist dann als krank zu betrachten.

Vielleicht fällt Ihnen in der Zukunft sonst noch etwas ein. Wir können immer wieder darauf zurückkommen. Ich möchte nun zu dem, was sich an die Frage des Herrn Dollinger anschließt, heute noch ein paar Worte sagen.

Wir können genau unterscheiden unter den Insekten, die bienenähnlich sind, die also im weiteren Sinne bienenähnlich sind: Bienen, Wespen und Ameisen. Diese Tiere sind miteinander verwandt, und ich habe ja schon das letzte Mal auf die interessante Geschichte mit den Gallwespen, die ihre Eier in die Bäume und dergleichen ablegen, hingewiesen und gezeigt, dass da eine Art innerer Honigbereitung durch diese Wespen stattfindet. Es gibt aber auch andere Wespenarten als Gallwespen. Diese anderen Arten sind wieder ähnlicher den Bienen, indem sie eine Art Waben bauen.

Da gibt es zum Beispiel eine interessante Wespenart, die in der folgenden Weise baut: Wenn da zum Beispiel irgendwo ein etwas steifes Blatt an einem Ast ist, so holt sie sich aus der Umgebung, wo sie hinfliegt, sagen wir ganz kleine Teile, die sie von Baumrinden und dergleichen oder von sonstigen Dingen abbeißt; die durchdringt sie mit ihrem Speichel, macht zunächst ein paar Stiele aus dieser Substanz. Dann, wenn sie diese Stiele gemacht hat, macht diese Wespe immer weiter diese Prozedur, durchzieht sie mit ihrem Speichel und macht an diesen Stielen daran dasjenige, was ganz ähnlich aussieht wie ein einzelnes Glied einer Bienenwabe. Aber wenn man die Substanz untersucht, dann ist es doch anders. Die Bienenwabe besteht aus dem, was Sie alle als Wachs kennen. Wenn Sie aber dieses nehmen von der Wespe: Es ist gräulich, was da entsteht, und das ist sehr ähnlich dem, was wir als Papier bereiten. Es ist wirklich eine Art Papiermasse. Da setzt die Wespe dann eine zweite, dritte, vierte Zelle daran, und die sind da oben aufgehängt. Jetzt decken sie sie zu, nachdem sie belegt sind, also die Eier abgelegt sind. Und jetzt, während also die Eiablagerung noch immer andauert, macht die Wespe hier kurioserweise mit ihrem Papier so eine Schleife daran [siehe Zeichnung] und dann wiederum eine Art Deckel; auf der einen Seite lässt sie es offen, da ist ein Flugloch, da können sie hier hinein- und herausfliegen und diese Zellen bedienen.

Dann setzt sie weiter Zellen auf, macht es wiederum so, deckelt es wieder ab, setzt wiederum eine Schleife an, hier wiederum einen Deckel, hier ein Flugloch. Es kann ein ganzer langer Zapfen sein, wie ein Tannenzapfen. Sie baut sich solch ein tannenzapfenähnliches Gebilde, das aber, im einzelnen nur aus Papiermasse bestehend, dem Bienennest ähnlich ist.

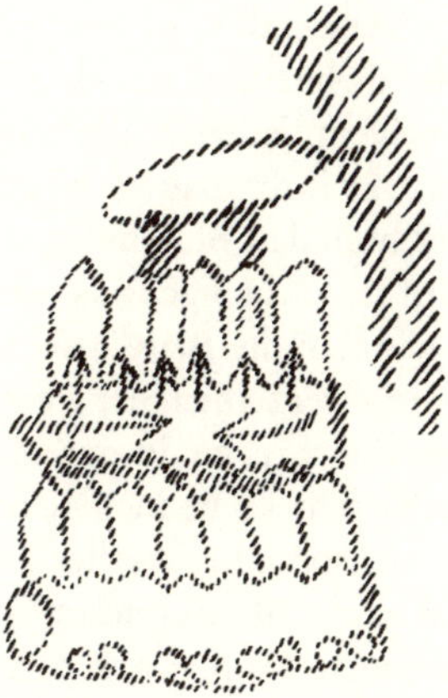

Andere Wespennester sind ja, wie Sie wissen, noch mit einer Haut umschlossen. Die Wespennester haben alle mögliche Gestalt.

Jetzt bedenken Sie einmal, was da eigentlich stattfindet. Fragen Sie mich, was die Biene tut, um ihre Zellen aus Wachs zu machen, da muss ich Ihnen sagen: Die Biene fliegt auf Blumen oder auf dasjenige, was an den Bäumen ähnlich ist; mit den Rindenbestandteilen, den Holzbestandteilen gibt sich die Biene weniger ab. Im Wesentlichen geht sie an das Blütenhafte, höchstens noch an das, was vom Blütenhaften ein bisschen im Blatthaften steckt, aber da schon weniger.

Es gibt nun einen Fall, wo solche höheren Insekten wie die Bienen an etwas anderes gehen als die Blüten – an Holzbestandteile und dergleichen gehen sie nicht, aber sie gehen noch an etwas anderes, was ihnen sogar außerordentlich fein schmeckt unter Umständen –, die Bienen weniger, aber namentlich die Wespen und namentlich stark die Ameisen. Den Ameisen und den Wespen, denen schmeckt nämlich gerade, während sie auf der einen Seite die härteren Bestandteile, die schon verholzten Bestandteile zu ihrem Bau verwenden, besonders, entgegen den Bienen, der Saft, der da herrührt von den Blattläusen. Das ist sehr interessant. Denn ja härter der Stoff ist, die Substanz, die diese Tiere für ihren Bau verwenden, desto mehr lieben sie nun nicht bloß den Blütensaft, sondern das, was auf der Blüte darauf ist, dasjenige, was noch am ähnlichsten der Blüte ist: nämlich die Blattläuse. Das sind außerordentlich edle Tiere – verzeihen Sie, wenn ich jetzt mehr in der Ameisensprache spreche, in der Menschensprache würde ich das auch nicht so nennen –, solch eine Blattlaus ist in der Ameisensprache ein edles Tier. Das ist ganz Pflanzenblüte. Was es als Saft absondert, ist eigentlich [für die Ameisen] der feinste Honig, den es geben kann. Bei den Wespen merkt man zum Beispiel, die sind auf Blattläuse schon ein bisschen Feinschmecker.

Aber wenn wir nun zu den Ameisen kommen: Die Ameise hat nicht die Kraft, es zu einem solchen Nest zu bringen; die Ameise macht es wieder anders. Die Ameise schichtet zum Beispiel Erde auf, und in dieser Erde finden Sie überall Gänge, eine ganze Wirrnis von Gängen. Die setzt sich dann fort. Und durch diese Gänge schleppen nun die Ameisen dasjenige herbei, was sie nun auch an härteren Stoffbestandteilen von Pflanzen, Rindenbestandteilen und so weiter gebrauchen können. Aber namentlich lieben die Ameisen dasjenige, was schon abgestorben ist am Holz. Die Ameisen suchen das, was sie nun brauchen, um diesen Bau, den sie aus Erdstückchen aufführen, weiter auszubauen. Da gehen sie namentlich an solches Holz, wo man einen Baum schon abgesägt hat und der untere Holzstock bleibt drinnen. An dieses, was schon ganz hartes Mark und Rinde geworden ist, darauf gehen sie namentlich, das schleppen sie herbei, und aus dem bauen sie sich das Nest aus.

Biene: Blumensaft: Wachszellen
Wespe: Blumensaft, Tiersaft: härtere Zellen
Ameise: Tiersaft: keine Zellen

Also, die Ameisen verwenden das Allerhärteste zu ihrem Bau. Das kriegen sie nicht mehr bis zum Zellenbau. Der liegt ihnen schon ferner. Sie verwenden zu hartes Material. Sie können sehen, die Bienen verwenden dasjenige Material, das in den Blumen selber drinnen ist, Sie machen sich ihre Wachszellen daraus, sind aber dadurch darauf angewiesen, die Nahrung selber aus diesem Saft der Blüte zu bekommen.

Bei den Wespen ist es schon ein härteres Material, das sie verwenden zu solchem Zellenaufbau, der dann papierähnlich ist. Das ist ein härteres Material, aber es ist ja dünn und dadurch ist es natürlich gebrechlicher als eine Honigwabe; aber es ist eben in sich härter.

Die Wespe fängt schon an, Feinschmecker zu werden für Blattläuse; aber sie nährt sich schon auch noch auf Bienenart von dem, was in den Pflanzen drinnen ist. Die Ameisen aber, die überhaupt so hartes Material verwenden, dass sie also nur noch Gänge in der Erde machen können, dass sie Höhlen bauen, nicht mehr Waben mit den Zellen bauen, die lieben ganz besonders die Blattläuse. Und bei den Ameisen kommt es vor, dass sie die ganzen Blattläuse abfangen und in ihren Bau hineinschleppen, und dann können Sie im Ameisenhaufen die Blattläuse finden.

Das ist sehr interessant. Wenn man in ein Dorf geht, hat man eine Häuserreihe und dahinter sind überall Kuhställe, da sind die Milchkühe drinnen, da gewinnt man die Milch. Bei den Ameisen ist es ganz ähnlich:

Überall im Ameisenhaufen finden Sie kleine Bauten, da sind die Blattläuse drinnen. Für die Ameisen sind das die Milchkühe. Es ist nur eine entsprechend niedrigere Prozedur, was die Ameisen machen. Sie haben da ihren kleinen Kuhstall, aber es sind nicht Kühe drinnen, sondern Blattläuse. Die Ameisen gehen an die Blattläuse heran und streicheln sie mit den Fühlern. Das tut der Blattlaus außerordentlich wohl, und sie lässt dann ihren Saft von sich. Und die Folge ist, dass die Ameise den Saft aufsaugen kann, den sie durch das Streicheln der Blattlaus bekommen hat. Das Allerwichtigste, was sie zu ihrer Nahrung braucht, bekommt sie dadurch, dass sie den Saft der Blattlaus durch Streicheln erhält. Es ist ja bei den Kühen auch so etwas Ähnliches; sie müssen nur stark gestreichelt werden. Aber die Blattläuse werden von den Ameisen richtig gemolken. Und sie werden abgefangen an den Blumen und Blättern, wo sie sich ansetzen, und werden von den Ameisen sehr gut gepflegt.

Und so kann man sagen: Das ist ja herrlich, dass es Blattläuse gibt. Es ist nämlich herrlich, dass es Blattläuse gibt, wenn in der Umgebung Ameisenhaufen sind. Da werden die Blattläuse sorgfältig von den Ameisen abgelesen und werden dann im Weiteren im Kuhstall der Ameisen verwertet. Das ist eine sehr geistreiche Einrichtung in der Natur, dass da bei den kleinen Tieren ein richtiger Kuhhandel um die Blattläuse stattfindet.

Nun, die Ameise, die so hartes Material zu ihrem Bau verwendet, die kann sich auch nicht mehr eigentlich mit dem bloßen Blumensaft begnügen. Die muss schon das zu ihrer Nahrung benützen, was der Blumensaft dem Tier schon gegeben hat. Der Blumensaft muss da schon durch das Tier durchgegangen sein. So dass man sagen kann: Bei der Biene ist es reiner Blumensaft noch, bei der Wespe, da ist es Blumensaft und Tiersaft, dafür härtere Zellen. Bei der Ameise ist das eigentlich Nährende nur noch der Tiersaft; daher keine Zellen mehr. Die Ameise hat nicht mehr die Kraft, Zellen zu bilden, sie muss überall, wenn sie auch aus Blumen noch etwas gewinnt, diesen Zusatz aus dem kleinen Tierstall haben; sonst kann sie nicht leben.

Sie sehen, was da eigentlich für eine interessante Beziehung zwischen den Blumen und diesem Getier ist. Die Bienen, die gebrauchen den Blumensaft rein. Die anderen, Wespen und namentlich Ameisen, die sind schon darauf angewiesen, diesen Blumensaft zu ihrer Nahrung durch die Tiere durchgehen zu lassen. Dafür können sie dann zum Aufbau ihres Gehäuses das verwenden, was nicht mehr Blumensaft ist.

Es ist wirklich ein großer Unterschied zwischen der Wabe der Biene im Wachs, dem Nest der Wespe im Papier und dem Ameisenbau, der nur noch von außen gebaut werden kann und es nicht mehr bis zu der Zelle bringt. Dafür ist in der Nahrung der große Unterschied.

In diesem Vortrag bilden die sozialen Insekten das Schwerpunktthema. Zum einen geht es um ihr Gift und seine Wirkungen auf den Menschen und zum andern um die Wesensunterschiede von Bienen, Wespen und Ameisen.

Bienengift

Die Wirkung des Bienengiftes auf den Menschen ist etwas, was jeder in einem Selbstversuch beobachten kann, sofern nicht das Risiko einer allergischen Reaktion besteht. Eine solche tritt innerhalb von wenigen Minuten auf und ist an Schwindel, Übelkeit, fleckigem Hautausschlag und unter Umständen Atemnot erkennbar. Bei einer solchen Reaktion ist sofort ärztliche Hilfe erforderlich. Für eine Selbstbeobachtung nutzt man den Zufall oder packt eine Biene und setzt den Hinterleib mit dem Stachel auf die Haut. Die folgenden Notizen sind auf Grund eines solchen persönlichen Selbstversuches entstanden, in dem sowohl das unmittelbare

Erleben als auch die Veränderung des körperlichen und seelischen Empfindens beobachtet wurde: «Auffallend ist die Weckreaktion, es wird heller, man wird aufmerksam, wachsamer und es brennt. Körperlich ist eine Wärme spürbar, der Herzschlag wird verstärkt. Der Schmerz hat eine verunsichernde Wirkung. Mit dem abfallenden Schmerz zeigt sich ein gute Zentrierung. Die körperliche Vertikale ist betont, es entsteht eine erstaunliche Präsenz bis an den äußersten Rand der Zehenspitze, eine Wachheit für den ganzen Körper. Seelisch drückt sich diese Bewegung in einer Aufmerksamkeit aus, die sich auf das eigene Ich bezieht und seine Umgebung. Das Eigene bewahren und pflegen, auf die Grenzen achten und ihrer bewusst werden, des andern Grenzen erleben.»

Die Aussagen aus dem Selbstversuch unterscheiden sich in einigen Punkten von dem Arzneimittelbild von Apis in der Homöopathie, zeigen aber verschiedene lose Bezüge zu den Angaben von Rudolf Steiner. Zum Einen ist das eine sofort auffallende Wirkung auf den Kreislauf, auf Herz und Blut. Durch dieses Erlebnis kann man sich am ehesten vorstellen, dass das Bienengift über das bewegte warme Blut in der Lage ist zu verhindern, dass sich Kristalle von Harnsäure ablagern. Die Blutwärme kann in bestimmten Körperregionen wie zum Beispiel in den Gelenken deutlich verringert sein, wodurch Ablagerungen von Harnsäure eher möglich sind. Eine Zufuhr von Wärme wirkt daher heilsam. Rudolf Steiner erwähnt das Bienengift verschiedentlich im Zusammenhang mit der Einheit des Bienenvolks. Das eigene Innere zu spüren und die körperlich-seelischen Grenzen wahrzunehmen, ist ein ähnlicher Prozess wie der von ihm geschilderte. Das Erlebnis erinnert auch an die Ablagerung von Kieselsäure an den Körpergrenzen durch die Ich-Organisation. Aus dem vorliegenden Vortrag ist zu diesem Thema vor allem eine Passage näher zu betrachten. Auch hier liegt die Faszination da, wo eine Wahrheit spürbar ist, die Grenze zum Unerklärlichen aber überschritten wird:

Nun ist es so, dass diese Ich-Organisation eigentlich im Bienengift drinnen auf eine geheimnisvolle Weise enthalten ist. Dasjenige, was Sie haben als die Kraft, die in Ihrem Blute zirkuliert, das ist auch im Bienengift drinnen. Und es ist interessant, dass die Biene das Bienengift in sich drinnen braucht. Die Biene braucht das Bienengift nicht etwa bloß aus dem Grunde, damit sie stechen kann. Das kommt nur zufällig noch dazu, dass sie auch stechen kann. Die Biene braucht das Bienengift in sich selber, weil die Biene dieselbe Zirkulationskraft braucht, die der Mensch im Blut hat.

Die sozialen Insekten

Bei den sozialen Insekten zeichnet Rudolf Steiner den Zusammenhang zwischen der Nahrung der Insektengemeinschaft und der Ausgestaltung von Waben und Wohnraum auf. Das Bienenvolk holt seine Nahrung aus der Blüte. Der Nektar liefert die Kohlehydrate, der Blütenpollen das nötige Eiweiß. Die Lebensbasis der Bienen liegt gänzlich in der Blüte. Aus dieser Nahrungskraft heraus können sie ihre Waben aus Wachs bauen. Die Fähigkeit, die Wabe aus dem eigenen Körper heraus zu bauen, hat auch mit der in Kapitel VI (S. 153 f.) erwähnten Wärmekraft zu tun. Neben der Wärme trägt der körpereigene Baustoff Wachs zur Unabhängigkeit des Bienenvolks bei. Die Bienen benötigen einen Schutz durch eine Höhle oder einen hohlen Baumstamm, und sie bevorzugen dabei eine Höhe von zwei Metern über dem Boden. So ist das Bienenvolk durch seine Blütennahrung und seinen Wabenbau und durch die bevorzugte Erdferne ein Tier zwischen Himmel und Erde, das mit dem Erdboden nur wenig zu tun hat.

Die Wespe hat ein erweitertes, irdischeres Menu, sie deckt den Eiweißbedarf ihrer Brut durch Fleisch und sammelt moderndes Holz zum Bau ihrer papierenen Wabennester. Sie ist nur eine seltene Blütenbesucherin. Die Jahre, in denen sich Wespen stark vermehren, sind lausreiche Jahre. Das zeigt, wie sie auf die Läuse angewiesen sind, die den Saft aus der Pflanze holen. Nach dem ersten Frost sterben die Wespengemeinschaften, und im Frühling beginnt eine überlebende Königin mit dem Neuaufbau einer Kolonie.

Die Ameise schließlich lebt in der Erde, errichtet keine Waben und ist auf den Abbau von pflanzlichen und tierischen Stoffe spezialisiert. Wie ich selber beobachtet habe, warten die Ameisen neben ihren Blattläusen, gehen bei der Annäherung des Beobachters in Abwehrstellung und verteidigen ihre Saftspender. Sie können sie auch in Schutz bringen, zum Beispiel bei heftigen Gewittern. Die Läuse produzieren allerdings keinen Saft, wenn sie sich nicht auf einem Baum befinden. Denn sie stechen die Leitgefäße der Bäume an, und der unter Druck stehenden Saft fließt durch die Laus hindurch. Sie filtert die für sie erforderlichen Eiweißstoffe heraus und lässt den Saft abtropfen. Diese sogenannten Honigtautropfen lieben neben Wespen und Ameisen auch die Bienen.

Die Bienen sammeln den Honigtau jedoch nur zur Not; solange genug Blütensaft vorhanden ist, rühren sie ihn nicht an. Ab Sommerbeginn ist dies aber selten der Fall, dann nehmen die Bienen gerne die von den Läusen fallen gelassenen Tropfen von Blättern und Nadeln und machen daraus den beliebten dunklen Waldhonig. Wie Rudolf Steiner beschreibt, können sie davon auch krank werden, wenn sie sich im Winter ausschließlich davon ernähren müssen.

Kapitel VIII: Insekten und Pflanzen

Ich werde heute noch in der Betrachtung fortfahren, die wir das letzte Mal an die Frage des Herrn Dollinger geknüpft haben. Wenn sich noch etwas anderes ergibt, können wir ja das auch noch erledigen. Ich bin das letzte Mal, um diese Frage zu beantworten, von der Betrachtung der Ameisen ausgegangen. Wir können ja sagen, das sind verwandte Tierarten: Bienen, Wespen, Ameisen; nur zeigen sie in ganz verschiedener Weise die Lebensweise, die wir an ihnen beobachten. Und aus all dem kann man eigentlich außerordentlich viel für den Haushalt in der Welt überhaupt lernen. Denn je mehr man auf diese Tiere und ihre Lebensweise eingeht, desto mehr kommt man darauf, wie weise alles gerade in der Arbeit und in dem, was diese Tiere zustande bringen, eingerichtet ist.

Ich habe Ihnen ja das letzte Mal erzählt, wie die Ameisen ihren Bau aufführen, wie sie ihn entweder aus Erdhügeln, die ja aus Erde selbst bestehen, zusammensetzen, oder aus kleinen Splitterchen, die sie aus vermodertem oder hartem, nicht mehr lebendigem Baumholz zusammentragen, aus anderen Dingen, die sie darunter mischen. Dann machen sie sich ihren Erdhügel. In diesem Erdhügel sind dann die mannigfaltigsten Gänge drinnen, nach denen sie sich in ganzen Scharen, in solchen Prozessionen bewegen. Man sieht sie dann aus den Löchern herauskommen, irgendwohin in die Umgebung gehen und dasjenige sammeln, was sie sammeln wollen.

Es kommt aber auch vor, dass diese Tiere sich nicht erst Baue aufrichten, sondern dasjenige benützen, was schon da ist. Nehmen Sie zum Beispiel an, man hat einen Baum geschlagen. Da ist der Stock noch in der Erde, von dem der Baum weg geschlagen ist. Und dann kommt eine solche Ameisenkolonie und legt da drinnen irgendwo eine Kammer an, bohrt sich hinein, legt eine Kammer an, bohrt alle möglichen Gänge, die dann hinausführen. Da schichten sie vielleicht ein bisschen Erde auf, machen einen Gang, einen anderen Gang, wieder einen dritten und so weiter. Die Gänge sind dann noch ineinander verbunden. Es ist ein ganzes Gewirre von Gängen da drinnen. Da bewegen sich die Ameisen, holen sich dasjenige, was sie zu ihrem Bau und Futter brauchen, aus der Umgebung.

Sehen Sie, davon zu sprechen, dass das alles der Instinkt der Tiere ist – nun ja, gut, das ist ja ganz schön, aber es ist nicht viel damit gesagt. Denn wenn das Tier keinen solchen Baumstamm zur Verfügung hat, dann richtet es sich einen Sandhügel auf. Wenn es gerade einen geeigneten Baumstamm findet, dann richtet es sich in der Weise ein, dass es sich die Arbeit also erspart, die dazu gehört, einen Hügel aufzurichten. Also, das Tier richtet sich nach den einzelnen Fällen. Und da ist es sehr schwer zu sagen, das Tier hat einen allgemeinen Instinkt. Der würde ja dahin gehen, dass das Tier alles so macht, wie es eben in seinem Instinkt ist. Aber das Tier richtet sich nach den äußeren Verhältnissen. Das ist das Wichtige.

Bei uns kommt das weniger vor, aber sobald man in südlichere Gegenden kommt, da ist es mit den Ameisen eine ganz besondere Plage. Denken Sie sich, irgendwo steht ein Haus, und in irgendeiner Ecke, wo die Hausbewohner das lange nicht bemerken, sind Ameisen, die sich eingefunden haben, tragen allerlei Zeug aus der Umgebung hin, Erdkörner, kleine Holzsplitter und bauen sich irgendwo, wo man lange nicht hinkommt mit dem Reinemachen, zunächst ein ganz kleines Gemach, das nicht bemerkt wird. Und von da aus legen sie ihre Gänge an in die Küche, in die Vorratskammer, auf ganz komplizierten Wegen, und holen sich das, was sie zum Futter und sonst brauchen, aus der Küche und Vorratskammer, so dass es in südlicheren Gegenden vorkommt, dass ein solches Haus eigentlich ganz durchdrungen ist von einem Ameisenhaufen. Sicher, man weiß gar nicht, dass man da als Kamerad von einem solchen Ameisenhaufen wohnt, merkt es erst, wenn man zufällig einmal dahin kommt oder sieht, dass irgend etwas angefressen ist in der Vorratskammer, findet erst da die Ursprungsstelle, wenn man einem solchen Gang entlanggeht.

Wiederum ist da mit dem Instinkt nicht sehr viel getan, denn man müsste dann sagen: Die Natur hat in diese Tiere den Instinkt hineingelegt, gerade just in diesem Hause einen Bau aufzuführen. Das muss doch so aufgeführt werden, dass es just in das Haus hineinpasst. – Also, Sie sehen, diese Tiere, die handeln da nicht eigentlich aus bloßem Instinkt heraus, sondern da ist Weisheit drinnen.

Aber wenn man wiederum so eine einzelne Ameise prüft, so kommt man nicht darauf, dass sie besonders weise ist. Dasjenige, was sie dann tut, wenn man sie von ihrer Kolonie absondert, und was man sie dann verrichten lässt, das nimmt sich nicht besonders weise aus. Die Folge davon ist, dass man daran zu denken hat, dass da nicht die einzelne Ameise den Verstand hat, sondern der ganze Ameisenhaufen als solcher. Der ganze Bienenstock als solcher ist weise. Und die einzelnen Ameisen drinnen im Ameisenhaufen, die sind es nicht, die den einzelnen Verstand haben. So wird also da in einer außerordentlich interessanten Weise gearbeitet.

Es gibt aber noch viel, ich möchte sagen, noch viel interessantere Sachen, die da vorkommen. Es gibt sogar eine Ameisenart, die macht es in folgender Weise. Die richtet irgendwo auf der Erde so eine Art Wall auf [siehe Zeichnung] – da ist er erhöht –, da bildet sie dann einen Kreis, und da ist die umgebende Erde. Da bohrt sie sich dann hinein. Da drinnen sind die Ameisen. Das kann auch so werden, dass es wie ein feuerspeiender Berg aufgesetzt ist. Da drinnen sind die Gänge, und die gehen dann in die Umgebung.

Nun, diese Ameisen machen dann etwas ganz Besonderes. Diese Ameisen beißen alle diejenigen Gräser und Pflanzen, die da in der Umgebung sind, weg bis auf eine einzige Grasart. Alles, was nicht diese einzige Grasart ist, das beißen sie weg. Und manchmal ist es so, dass sie überhaupt alles wegbeißen, so dass dann in der Mitte so eine Art Hügel ist, und ringsherum schaut es aus wie fein gepflastert. Denn dadurch, dass sie alles abbeißen, wird die Erde etwas dichter. Es ist dann sehr dichte Erde. Also, da hat man so einen Ameisenhaufen und ringsherum etwas wie gepflastert; ganz glatt, wie ein Asphaltpflaster schaut es aus, nur heller.

Nun gehen dann diese Ameisen in die Umgebung und holen sich eine bestimmte Grasart, und die bauen sie an. Sobald der Wind andere Samen hinträgt – flugs beißen sie die Geschichte ab, wenn sie herauskommt, werfen sie aus dem Gebiet hinaus, das sie glatt gemacht haben, und in dieser ganzen Umgebung wächst nichts als diese einzige Grasart. Da hat sich also die Ameise eine Art Besitztum angelegt und richtig ringsherum die Grasart angebaut, die ihr gerade passt. Und sie lässt nichts anderes da, wirft es heraus, beißt alles weg. Diese Grasart, die da wächst, die bekommt ein ganz anderes Aussehen, als das betreffende Gras draußen hat. Denn das Gras draußen wächst zum Beispiel in lockerem Boden. Da schaut es ganz anders aus. Dieser Boden ist durch die Ameisen aber hart gemacht, so dass das Gras, das da wächst, das durch die Ameisen angepflanzt ist, ganz harten Samen hat, kieselsteinharten Samen hat.

Ja, solche Ameisenhaufen kann man finden: Ringsherum eine ganze Landwirtschaft – Ackerbau treibende Ameisen sind das! So hat sie Darwin genannt, der die Sache besonders beobachtet hat. Man findet also ringsherum diese ganze Wirtschaft, den Boden so wie kleine Reiskörner, die Samen aber furchtbar hart. Dann, wenn die ganze Sache fertig ist, kommen die Ameisen heraus, beißen die Geschichte da oben ab und tragen sie in ihren Bau hinein. Sie bleiben dann eine Zeitlang drinnen; da sieht man sie wieder nicht. Aber da sind sie tätig in ihrem Bau drinnen. Alles das, was sie nicht brauchen können, was da an den Früchten, die so kieselsteinhart sind, als kleine Halme daran ist, das beißen sie davon ab, und nach einiger Zeit kommen die Ameisen heraus, laufen da drüber und werfen das alles aus ihrem Acker heraus, was sie nicht brauchen können, behalten in ihrem Ameisenhaufen nur den kieselsteinharten Samen, den sie dann mit ihren sehr harten Kiefern teilweise eben als Futter benützen, teilweise auch, um da drinnen weiterzubauen. Sie sind richtige Bauern; sie sehen sich an, ob sie das gerade brauchen können, was in der Nachbarschaft ist. Was sie nicht brauchen können, werfen sie wieder heraus. Schließlich machen es ja die Menschen auch nicht viel anders. Sie machen außerordentlich fein dasjenige, was sie für sich brauchen, diese Ackerbau treibenden Ameisen.

Das ist eine Art, von der man sich sagt: Was geht denn da eigentlich vor im Grunde? – Sehen Sie, da wird ja im Grunde eine ganz neue Grasart gebildet! So kieselsteinharte Reiskörner, wie sie da wachsen, die gibt es sonst nicht. Die werden nur durch die Ameisen erzeugt. Und diese Ameisen verarbeiten sie wieder. Was geht denn da eigentlich vor? Bevor wir an dies herantreten, wollen wir die Geschichte noch von einer anderen Seite betrachten.

Gehen wir wieder zu den Wespen zurück, da finden wir, wie ich Ihnen schon sagte, solche Tiere, die ihre Eier in Baumblätter, Baumrinden hineinlegen, wodurch dann die sogenannten Galläpfel herauswachsen, aus denen sich wiederum die jungen Wespen entwickeln.

Es kann auch anders sein. Es gibt solche Raupen, die ungefähr so ausschauen. Die kennen Sie alle, solche Raupen, die eigentlich ganz dicht mit Haaren bedeckt sind; ganz stachelig sind sie. Solch einer Raupe kann das Folgende passieren. Da kommen eine oder mehrere Wespen von besonderer Art und legen einfach in diese Raupe hinein ihre Eier. Wenn diese Eier reif sind, schlüpfen aus den Eiern die Maden aus. Die Maden sind ja die erste Gestalt, in der sowohl die Bienen wie die anderen Insekten dieser Art erscheinen.

Bei den Ameisen ist es ja auch so. Sie wissen, wenn man einen Ameisenhaufen abträgt, findet man darinnen die weißen sogenannten Ameiseneier, die man gewissen Singvögeln zum Futter gibt. Aber diese Ameiseneier sind nicht wirkliche Eier, sondern Puppen. Die Eier sind klein, und aus diesen sind erst wieder Maden herausgekommen. Man nennt die Puppen mit Unrecht Ameiseneier.

Wenn nun die Wespe ihre Eier in die Raupe hineinlegt, ist es sehr merkwürdig. Ich habe Ihnen schon einmal davon erzählt. Die Maden, die herausschlüpfen, sind sehr gefräßig. Nun sind aber in dieser Raupe unzählige drinnen. Diese Maden sind gefräßig, fressen aus dem Leib der Raupe heraus ihre Nahrung. Und da ist es etwas sehr Merkwürdiges – wie gesagt, ich habe es Ihnen schon einmal erzählt –: Sobald eine der Wespenmaden den Magen der Raupe anfressen würde, müsste die ganze Wespengeschichte da drinnen zugrunde gehen, könnte nicht weiterleben. Wenn das Organ, was zum Beispiel Auge oder so etwas Herzartiges ist, oder das da der Raupe zur Verdauung dient, wenn das angefressen würde, ginge das Leben gar nicht weiter. Diese kleinen Wespenmaden, die zeigen den Verstand, nichts anzubeißen oder anzufressen, was die Raupe braucht zu ihrem Fortkommen, sondern nur die Organe anzubeißen oder anzufressen, die man lange Zeit verletzen kann. Das Tier stirbt nicht, wird nur höchstens krank. Aber die Wespenmade kann drinnen weiter fressen.

Also, weise ist es eingerichtet, dass diese Wespenmaden eben nichts von dem anfressen, was die Raupe zugrunde richten kann. Vielleicht werden Sie das auch schon gesehen haben, wie die Maden dann, wenn sie reif sind, da herauskommen. Sie kriechen heraus, und die ganze Raupe war eigentlich die Pflegemutter, mit ihrem eigenen Leib die Pflegemutter dieser ganzen Brut. Die kriechen jetzt heraus, entwickeln sich draußen weiter zu Schlupfwespen und suchen nun ihre Nahrung von Blumen und so weiter. Und dann, wenn sie reif sind dazu, legen sie wiederum ihre Eier in solche Raupen hinein ab.

Nun können Sie sagen: Da ist aber eigentlich etwas furchtbar Gescheites drinnen! – Und in der Tat, ich sagte Ihnen schon, man kommt, wenn man diese Dinge beobachtet, immer mehr und mehr in die Bewunderung hinein. Das ist gar nicht anders. Man kommt in die Bewunderung hinein und fragt sich dann: Was ist eigentlich in diesem Ganzen für ein Zusammenhang? – Gehen wir jetzt einmal, ich möchte sagen, der Sache auf den Grund. Wir sagen uns zunächst: Da sind aus der Erde herauswachsend die Blumen. Da sind die Raupen vorhanden. Und da kommen nun diese Insekten, fressen sich voll an Blumen und an Raupen, pflanzen sich dann wiederum fort. Immer beginnt die Geschichte von neuem. Und uns Menschen erscheint es nun zunächst so, als ob eigentlich diese ganze Insektenwelt auch wegbleiben könnte. Gewiss, wenn man die Biene anschaut, so sagen wir Menschen uns: Die Bienen liefern uns den Honig und daher ist die Bienenzucht für uns nützlich. Schön, aber das ist vom Standpunkte der Menschen aus gesehen. Und wenn die Bienen Räuber sind, die einfach den Blumen den Honig wegnehmen, und wir Menschen das dann benützen, um uns von diesem Honig zu nähren oder sogar uns mit diesem Honig zu heilen, dann ist das für uns höchst günstig; aber vom Standpunkte der Blumen schaut das so aus, als wenn es bloß eine Räuberei wäre, und wie wenn wir Menschen bloß an der Räuberei teilnehmen würden. Es fragt sich also: Ist der Standpunkt der Blumen derjenige, der etwa so sagt: Da außen sind diese Räuber – Bienen, Wespen, Ameisen –, die nehmen uns unseren Saft weg, und wir könnten viel besser gedeihen, wenn die uns nicht unseren Saft wegnehmen würden?

Das ist ein Standpunkt, den der Mensch gewöhnlich bei den Blumen voraussetzt. Und Sie können sogar viele Lamentationen hören bei Unkundigen, die da besagen: Ach, die armen Blumen, ach, die armen Viecher, die Raupen! Da kommen diese schrecklichen Schmarotzer, nähren sich davon, machen alles mögliche, wodurch den Blumen etwas weggenommen wird. – So ist es aber nicht. So ist es ganz und gar nicht, sondern die Sache ist ganz anders. Wenn man nämlich an eine Blume herankommt und man sieht da das Insekt, sagen wir eine Biene, sitzen und aus der Blume oder aus den Weiden den Saft heraussaugen, dann muss mau sich sagen: Wie wäre es mit der Pflanze, wenn die Biene oder Wespe oder ein anderes Insekt nicht herankäme und diesen Saft heraussaugen würde? Wie wäre es dann? – Das ist natürlich eine Frage, die schwerer zu beantworten ist als die Geschichte mit der einfachen Räuberei, weil man da schon in den ganzen Haushalt der Natur hineinblicken muss. Und da ist es so, dass man zu gar keiner Ansicht kommt, wenn man nicht in frühere Zustände der Erdenentwicklung zurückschauen kann.

Die Erde war ja nicht immer so, wie sie heute ist. Wenn überhaupt die Erde immer so gewesen wäre, wie sie heute ist, dass man da draußen toten Kalk, toten Quarz findet, toten Gneis, Glimmerschiefer und so weiter, da herauswachsend aus den heutigen Samen die Pflanzen, da die Tiere und so weiter – wenn die Erde immer so gewesen wäre, könnte überhaupt das Ganze nicht sein, könnte gar nicht sein! Die Menschen, die eigentlich ihre Wissenschaft nur bei demjenigen anfangen, was heute da ist, die geben sich einer vollständigen Täuschung hin; denn das kann überhaupt nicht bestehen. Derjenige, der die Geheimnisse, die Gesetzmäßigkeiten der Erde aus dem sucht, woraus die heutige Wissenschaft sie sucht, der ist geradeso, wie wenn ein Marsbewohner auf die Erde hier herunterkommen würde und keinen Sinn hätte für den lebendigen Menschen, und nur in eine Totenkammer ginge und sich da die Toten anschaute. Diese Toten könnte es ja nicht geben, wenn sie nicht zuerst lebendig gewesen wären! Den Marsbewohner, der noch keinen lebenden Menschen gesehen hätte und nur die Toten sieht, den müsste man erst zu den Lebendigen hinführen. Dann würde er sich sagen können: Nun ja, jetzt verstehe ich, dass die Toten eine solche Form haben, aber früher habe ich es nicht verstanden, weil ich nicht das Lebendige, das vorangegangen ist, kannte. – Und so muss man, wenn man die Gesetze der Erdenentwicklung kennenlernen will, zu früheren Zuständen zurückgehen. Sehen Sie, der jetzigen Erde ist eine ganz andere Gestaltung vorangegangen. Ich habe sie immer Mondgestaltung genannt, und in meinem Buch *Die Geheimwissenschaft im Umriss* ist sie Mondgestaltung genannt, weil der heutige Mond ein Rest ist von dieser alten Erde. Und ebenso sind andere Zustände der Erde vorangegangen. Die Erde hat sich verwandelt, war ursprünglich etwas ganz anderes.

Nun gab es einmal auf der Erde einen solchen Zustand, dass solche Pflanzen und solche Insekten, wie die unsrigen jetzt sind, überhaupt nicht vorhanden waren, sondern die

Sache war so: Sehen Sie, da war, sagen wir, dasjenige, was sich mit der heutigen Erde vergleichen lässt. Da heraus wuchsen, sagen wir, pflanzenähnliche Gebilde, aber solche pflanzenähnliche Gebilde, die fortwährend verwandelt werden, die fortwährend andere Formen bekommen, wie die Wolken. Es waren solche Wolken da in der Umgebung der Erde. Aber es waren nicht solche Wolken, wie die heutigen Wolken draußen sind, die tot sind, scheinbar wenigstens tot sind, sondern es waren lebendige Wolken, wie die heutige Pflanze lebt. Wenn Sie sich vorstellen würden, die heutigen Wolken gewännen Leben und würden grünlich, dann würden Sie eine Vorstellung haben von der damaligen Pflanzenwelt.

In dieser Beziehung sind ja manche Herren von der Wissenschaft furchtbar komisch. Neulich konnten Sie eine ungemein drollige Zeitungsnotiz lesen. Da ist wiederum einmal eine neue wissenschaftliche Entdeckung gemacht worden, so ganz nach dem heutigen Stil. Es war furchtbar drollig! Da hatte sich nämlich herausgestellt, dass, in einer gewissen Weise hergerichtet, die Milch ein gutes Mittel gegen Skorbut ist, gegen eine sehr hässliche Krankheit.

Nun, was tut ein heutiger Wissenschafter? Ich habe Sie schon aufmerksam gemacht darauf: Der analysiert die Milch. Nun findet er, dass in der Milch die und die chemischen Bestandteile sind. Aber ich habe Sie auch aufmerksam darauf gemacht, dass man Mäuse mit irgendwelchen solchen chemischen Bestandteilen, wenn sie in der Milch drinnen sind, nähren kann; wenn man sie ihnen aber allein gibt, dann krepieren die Mäuse nach ein paar Tagen! Das haben die Schüler des Professors Bunge eben auch festgestellt und haben eben einfach gesagt: Nun ja, da ist halt ein Lebensstoff drinnen in der Milch und im Honig auch: Vitamin! – Sie wissen, ich habe Ihnen das Beispiel schon einmal angeführt. Es ist gerade so, wie wenn man sagen würde: Die Armut kommt von der Pauvreté. So sagt man hier: Da ist Vitamin drinnen.

Man hat also eine wichtige Entdeckung gemacht: In der Milch sind allerlei Stoffe die sehr künstliche Namen haben, drinnen. Und nun ist, in gewissem Sinne zubereitet, die Milch ein Heilmittel gegen Skorbut. Aber nun ist auf recht gelehrte Weise untersucht worden, ob der Skorbut auch geheilt wird, wenn man diese Dinge mit den gelehrten Namen, die in der Milch drinnen sind, allein den Kranken, den Skorbutkranken gibt. Von nichts wurden sie geheilt, von all den Bestandteilen nicht! Aber wenn die Bestandteile zusammen sind in der besonders zubereiteten Milch, dann können sie den Skorbutkranken heilen. Jeder einzelne Bestandteil für sich, der heilt nicht; nur das Ganze heilt.

Was bleibt denn aber übrig, sagt sich der Gelehrte, wenn man alle diese Bestandteile wegrechnet, was bleibt übrig? – Denn jetzt rechnet er sie alle weg. Dass diese Bestandteile in einem Ätherleib sind, das gibt er nicht zu; aber er rechnet sie alle weg, und was bleibt? Er sagt: Das Vitamin! – Das Vitamin, das also den Skorbut heilen muss, das ist in allen diesen Bestandteilen nicht drinnen. Wo ist es denn also? Und nun kommen die Leute mit der schönen Sache: Das ist nun im Wasser der Milch drinnen, weil es in allem anderen nicht drinnen ist. Und daher ist für den Skorbut das Wasser das Heilende!

Es ist das ungeheuer drollig, aber es ist eine sehr gelehrte Sache heute. Denn wenn das Wasser das Vitamin enthält, so wären wir ja schon mit der Gelehrsamkeit angelangt da, wo die Wolken draußen leben würden. Denn da müssten wir hinausschauen und sagen: In dem Wasser ist überall Vitamin drinnen. Dann wären wir nämlich dort, wie die Erde einmal war. Nur ist es heute nicht mehr so.

Also, es war da so, ich möchte sagen, eine Pflanzenheit, eine lebendige Pflanzendecke. Und diese lebendige Pflanzendecke, die wurde überall von der Umgebung herein befruchtet. Es waren auch nicht abgeschlossene Tiere da; da kamen nicht Wespen her, sondern da kam von der Umgebung eben nur solche Substanz, die tierisch lebte. So dass einmal unsere Erde in einem Zustand war, den man ungefähr so beschreiben könnte: Sie war mit Wolken umgeben, die Pflanzenleben in sich hatten, und an diese Wolken kamen aus dem Umkreis heran andere Wolken; die befruchteten sie, und die waren tierischer Art. Und aus dem Weltenraum kam die Tierheit und von der Erde herauf die Pflanzenheit.

Das hat sich alles verändert. Die damaligen Pflanzen sind zu unseren fest begrenzten Blumen geworden, die aus der Erde herauswachsen, die keine großen Wolken mehr bilden. Aber es ist diesen Blumen das geblieben, dass sie von der Umgebung einen Einfluss erleben wollen. Da wächst aus der Erde heraus eine Rose. Da ist das Rosenblatt, da ein anderes Rosenblatt, ein drittes und so weiter. Dann kommt eine Wespe. Diese Wespe nagt geradezu aus dem Rosenblatt ein Stückchen heraus, trägt es in ihr Wespennest und baut damit oder gibt den Jungen Nahrung und so fort. Das wird da einfach von der Wespe abgenagt und wird dorthin getragen. Nun, wie gesagt, Wolken sind unsere Rosenstöcke nicht mehr; sie sind scharf begrenzte Dinge geworden. Aber dasjenige, was da drinnen gelebt hat und was da verbunden war mit dem, was von überall her als Tierheit gekommen ist, das ist trotzdem in den Rosenblättern und -blüten geblieben! Das sitzt da drinnen. In jedem Rosenblatt ist etwas, was gar nicht anders sein kann, als gewissermaßen befruchtet zu werden von der ganzen Umgebung.

Und sehen Sie, dasjenige, was diese Blumen brauchen, was sie ganz notwendig brauchen, das ist ein Stoff, der auch im menschlichen Körper eine große Rolle spielt. Wenn Sie nämlich den menschlichen Körper untersuchen, so finden

Sie in diesem menschlichen Körper die verschiedensten Stoffe. Alle diese Stoffe verwandeln sich fortwährend. Aber überall im menschlichen Körper verwandeln sich die Stoffe zuletzt in etwas, was in gewissen Mengen immer im menschlichen Körper enthalten ist. Der menschliche Körper braucht es. Das ist die Ameisensäure.

Wenn Sie hinausgehen zu einem Ameisenhügel und Sie sammeln Ameisen, quetschen sie aus, so kriegen Sie einen Saft. Dieser Saft enthält Ameisensäure und etwas Alkohol. Dieser Saft ist in den Ameisen drinnen. Aber diesen Saft haben Sie in ganz feiner Verteilung auch in Ihrem Körper. Was Sie essen in Ihrem Leben, verwandelt sich immer – nicht ausschließlich, es ist auch anderes natürlich da, aber in geringen Teilen – zu Ameisensäure. Diese Ameisensäure füllt Ihren ganzen Körper aus. Und wenn Sie krank sind und nicht genug Ameisensäure in sich haben, dann ist das für den Körper nämlich etwas sehr Schlimmes. Denn dann kommt Ihr Körper dazu, gerade weil Sie nicht genug Ameisensäure in sich haben – und jetzt komme ich noch auf die Frage des Herrn Müller zu sprechen, zugleich als Antwort darauf –, gichtisch oder rheumatisch zu werden. Er bildet zu viel Harnsäure aus und zu wenig Ameisensäure.

Die Ameisen haben also das in sich, was der menschliche Körper auch braucht. Aber die Ameisensäure, die ist überhaupt etwas, was in der ganzen Natur gebraucht wird. Sie können eigentlich keine Baumrinde finden, ohne dass in der Baumrinde etwas Ameisensäure ist. Im ganzen Baum ist überall, wie im menschlichen Körper, Ameisensäure. In jedem Blatt, überall muss Ameisensäure drinnen sein. Aber nicht nur Ameisensäure muss drinnen sein, sondern verwandt mit der Ameisensäure ist das, was die Wespen haben, auch dasjenige, was die Bienen in sich haben, was dann zum Bienengift wird. Diese Insekten tragen alle einen gewissen Stoff in sich, der giftig ist. Sticht einen eine Biene, bekommt man Entzündungen; sticht einen die Wespe, ja, da geht es einem manchmal recht schlimm. Diese Geschichte mit den Wespenstichen, das ist etwas ganz Schauerliches. Da erzählt der Brehm eine niedliche Szene, wie solche Insekten einmal recht schlimm den Menschen und den Tieren mitgespielt haben.

Es war ja wohl so: Ein Kuhhirt, jung war er noch, hatte eine Menge Kühe auf der Weide gehabt, und diese Weide war durchsetzt mit Insektenbauten. Der Hirtenhund lief herum. Plötzlich wird dieser Hirtenhund verrückt, läuft herum wie ein Verrückter, und man weiß gar nicht, was mit ihm ist. Er läuft, was er nur kann, zum Bach in der Umgebung und stürzt sich da hinein in den Bach, schüttelt sich und schüttelt sich. Der Hirtenjunge war ganz bestürzt dadurch, kommt dem Hund zu Hilfe, aber von auswärts. Er springt nicht in den Bach hinein, sondern will ihm von auswärts helfen. Unglückseligerweise stellt er sich auf einen Insektenbau, wie vordem der Hund wohl, und nun stechen ihn diese. Jetzt läuft er nun auch wie verrückt herum und springt zuletzt auch in den Bach hinein. Dadurch nun, dass der Hund weg ist, der Hirte weg ist, kommt nach und nach eine Verwirrung in die Kuhherde. Diejenigen Kühe, die auf einen solchen Insektenbau treten, werden auch gestochen und gebärden sich wie verrückt. Und schließlich ist auch ein großer Teil der Herde in dem Bach drinnen, wie verrückt!

Also, solche Stiche von Insekten können einem schon übel mitspielen. Alle diese Tiere haben schließlich so etwas Giftiges in sich. Und schließlich, wenn Sie von einer Ameise gebissen werden, da gibt es auch eine kleine Entzündung, denn da lässt sie die Ameisensäure in die Wunde einfließen. Diese Ameisensäure ist aber wiederum in der richtigen Verdünnung in allem Lebendigen drinnen.

Wenn es nun keine Ameisen, keine Bienen und Wespen gäbe, die eigentlich die Zubereiter dieser Gifte sind, was würde dann geschehen? Dann würde ganz dasselbe geschehen, was mit der Fortpflanzung der Menschheit geschehen würde, wenn Sie plötzlich einmal alle Männer köpften und nur die Frauen auf der Erde ließen. Dann würde sich die Menschheit nicht fortpflanzen können, weil eben der Samenstock der Männer nicht da wäre. Nun, diese Insekten haben alle extra noch Samen, aber trotzdem ist zu ihrem Leben dasjenige notwendig, was von diesen Giften kommt, denn diese Gifte sind geblieben von dem, was da in der Umgebung des alten Mondes war. Fein verteilt Bienengift, Wespengift, Ameisensäure ist einmal da aus dem Weltenraum über die Pflanzen hereingekommen. Der Rest davon ist noch heute da. Wenn Sie also gehen und sehen irgendwo auf einem Weidenbaum oder auf einer Blume eine Biene sitzen, dann sagen Sie nicht: Das Insekt wird der Blume bloß etwas rauben –, sondern sagen Sie: Während das Bienlein da drauf sitzt und saugt, da ist es der Blume so wohl, dass sie nach der Stelle, wo die Biene saugt, einen Saft hinfließen lässt. Das ist sehr interessant! Wenn die Biene da saugt, lässt die Blume diesen Saft da hinfließen. Und da fließt in diesem Saft, während die Biene der Blume etwas wegnimmt, durch die Biene der Blume hinzu von der Biene Gift. Und auch während die Wespe [Gallwespe] sticht, fließt Wespengift ein; und insbesondere während die Ameise sich hermacht sogar über die Baumstämme und so weiter, die schon gar nicht mehr leben, fließt Ameisensäure ein. Da verbindet sich also, wenn eine Ameise kommt, der Saft der Blume mit dem Ameisensaft. Das ist notwendig. Denn geschähe das nicht, gäbe es nicht diese Bienen, Wespen und Ameisen, die fortwährend über diese Blumenwelt kommen und sie anfressen, so flössen nicht die nötige Ameisensäure und die nötigen Gifte zu diesen Blumen, und die Blumen müssten nach einiger Zeit aussterben.

Sehen Sie, solche Stoffe, die man gewöhnlich Lebensstoffe nennt – ja, diese Lebensstoffe, die schätzt der

Mensch. Aber eigentlich sind nur solche Stoffe wie die Ameisensäure wirkliche Lebensstoffe. Wenn der Mensch an die Tollkirsche geht, dann hat er drinnen ein Gift. Das ist ein schädlicher Stoff. Aber was tut die Tollkirsche? Sie sammelt gerade den Geist aus der Weltenumgebung. Die Gifte sind Geistsammler. Daher sind Gifte auch Heilmittel. Und im Grunde genommen werden die Blumen fortwährend immer kränker und kränker, und diese Bienlein und Wespen und Ameisen sind fortwährend kleine Ärzte, die den Blumen die Ameisensäure zubringen, die sie brauchen, und die wiederum die Krankheit ausheilt, so dass man alles wieder heilen kann. Sie sehen: Diese Bienen, Wespen und Ameisen sind nicht bloß Räuber, sondern bringen zu gleicher Zeit dasjenige, was den Blumen die Möglichkeit gibt zu leben.

Und so ist es schließlich sogar mit den Raupen. Die würden auch aussterben, würden nach einiger Zeit nicht mehr da sein. Nun ja, Sie werden vielleicht sagen, das ist ja gar kein großer Schaden; dann würden halt diese Raupen aussterben. – Aber von solchen Raupen nähren sich wiederum die Vögel und so weiter! Die ganze Natur steht ja in einem solchen inneren Zusammenhang. Und wenn wir da sehen, wie zum Beispiel die Ameisen mit ihrer Ameisensäure alles durchdringen, dann sehen wir hinein in den Haushalt der Natur. Das ist etwas ganz Großartiges. Überall geschieht etwas, was absolut zur Erhaltung des Lebens und der Welt notwendig ist.

Sehen Sie, da gibt es den Baum. Der Baum hat seine Rinde. Jetzt vermodert diese Rinde, wenn ich den Baum abschlage. Da gibt es Moder. Nun sagen die Menschen: Lassen wir das ruhig vermodern. – Und die Menschen schauen ruhig zu und lassen im Walde alles das, was da übrig bleibt, vermodern. Was vermodert alles im Jahre an Laubblättern und dergleichen im Walde! Die Menschen lassen das alles vermodern. Aber in der Welt ist das anders eingerichtet. Da sind überall in der Nähe diese Ameisenhaufen. Aus diesen Ameisenhaufen kommt in den Waldesgrund die Ameisensäure hinein.

Wenn Sie hier einen Waldesgrund haben und da einen Ameisenhaufen, so ist es gerade so, wie wenn Sie hier ein Wasserglas voll Wasser hätten; jetzt geben Sie einen Tropfen von irgend etwas hinein, der füllt gleich das ganze Wasser aus. Wenn Sie Salz hineintun, ist gleich das ganze Wasser salzig. Wenn Sie da einen Ameisenhaufen haben, so geht die Ameisensäure gerade so in den ganzen Waldesgrund, in den Moder hinein, und der ganze Waldesgrund, der schon im Absterben ist, wird von dieser Ameisensäure durchtränkt. Also, nicht nur ins Innere der heutigen Pflanzen, die noch leben, und der heutigen Raupen, die noch leben, geht die Ameisensäure hinein oder auch das Bienen- oder Wespengift, wenn die Biene auf der Blume sitzt und die Blume aufsaugt das, was sie nun kriegt von der Biene, sondern auch in den absterbenden Boden. Denn die andere, die physische Wissenschaft kümmert sich nur um dasjenige, was die Biene der Blume wegnimmt. Aber die Bienen würden nicht jahrtausendelang auf den Blumen sitzen können, wenn diese sie nicht wieder züchteten, indem sie sie anbeißen.

Und so ist es selbst mit dem leblosen Material im Walde. Denken Sie sich nur einmal: Selbst die physische Wissenschaft, wie sie heute ist, nimmt ja an, dass die Erde einmal ganz tot werden wird. Sie würde es auch, denn es müsste ja einmal ein Zustand kommen, wo das Vermoderte überhandnehmen würde und wo die Erde abgestorben wäre. Er wird aber nicht kommen, weil die Erde überall, wo sie vermodert, zu gleicher Zeit durchsetzt wird von dem, was Bienen, Wespen und Ameisen geben. Die Bienen geben es allerdings nur den lebenden Blumen, die Wespen auch fast nur den lebenden Blumen. Aber die Ameisen geben das, was sie da hergeben in der Ameisensäure, zugleich dem vermoderten Toten, und sie regen es dadurch in einem gewissen Grade zum Leben an, und sie tragen dazu bei, dass die Erde in ihren vermoderten Dingen überhaupt lebendig bleibt.

So kann man schon sagen: Man bewundert den Geist, der in alledem drinnen ist. Aber wenn man näher eingeht auf die Geschichte, ja, dann sieht man, dass das alles eine große Bedeutung hat.

Schauen wir jetzt diese Ackerbau treibenden Ameisen an, die da ihre kleinen Felder anlegen, die Pflanzen ganz anders herrichten. Ja, der Mensch könnte sich von dem, was da angebaut wird, nicht nähren. Denn wenn der Mensch diese kleinen Reiskörner, die kieselsteinhart sind, genießen würde, würde er erstens merkwürdige Krankheitszustände davon kriegen, weil er dann zu viel Ameisensäure in sich kriegte; aber außerdem würde er sich die Zähne sehr stark ausbeißen, dass eine Zeitlang die Zahnärzte sehr viel zu tun hätten. Nachher aber würde der Mensch elendiglich zugrunde gehen an diesen kieselsteinharten Reiskörnern, die da auf diese Weise gewonnen werden.

Aber die Ameisen, der Ameisenhaufen eigentlich, der sagt sich das Folgende: Wenn wir nur hinausziehen in die freie Natur und dasjenige aus den Pflanzen saugen, was da überall ist, dann kriegen wir in uns viel zu wenig Ameisensäure, und dann können wir auch der Erde wiederum viel zu wenig Ameisensäure abgeben. Also, machen wir das, dass wir uns nur diejenigen Pflanzen auswählen, die wir so aufziehen können, dass alles ganz dicht ist, steinhart zusammenhängt, und wir daher viel Ameisensäure aus diesem Dichten herauskriegen. – So dass also diese Ackerbau treibenden Ameisen dies machen, damit sie möglichst viel Ameisensäure herauskriegen. Und diese Ameisen sind es wiederum, die viel in die Erde hineinbringen von dieser Ameisensäure. So ist der Zusammenhang.

Sie können also daraus sehen, dass Gifte, wenn sie entzündlich wirken oder dergleichen, eigentlich zugleich die fortwährenden Heilmittel sind gegen das Absterben. Und man kann sagen: Gerade die Biene ist in dieser Beziehung ungeheuer wichtig, damit sich alles in den Blumen erhält, denn es ist eben eine tiefe Verwandtschaft zwischen den Bienen und den Blumen.

Und dieses Erhalten zeigt eigentlich, dass jedes Mal, wenn die Insekten sich in dieser Weise in der Erde ergehen, dass da die Erde wiederum aufgegiftet wird, möchte ich sagen. Das ist die geistige Beziehung. Ich möchte niemals, wenn jemand fragt, wie da die geistigen Beziehungen sind, bloß sagen, das ist so und so, sondern ich führe Ihnen dann die Tatsachen an, und aus den Tatsachen können Sie selber beurteilen, ob es einen Sinn hat oder nicht. Denn die Tatsachen verlaufen eben so, dass man sieht, es ist überall Sinn darinnen. Nur erzählen Ihnen das die Leute, die sich heute Gelehrte nennen, nicht. Aber im Leben spielt das eine gewisse Rolle. In unseren Gegenden wird es vielleicht weniger respektiert, aber sobald man mehr nach dem Süden kommt, da kann man schon hören, wie die Bauern, einfache Leute, wiederum mit einer instinktiven Wissenschaft sagen: Diese Ameisenhaufen, die darf man nicht zerstören, denn diese Ameisenhaufen, die tragen dazu bei, dass der Moder nicht so schädlich wird. – Und die ganz Gescheiten in solchen Gegenden, die sagen noch etwas anderes. Wenn man mit denen spazieren geht im Walde, namentlich in einem Walde, wo ein Baumschlag ist, wo also gerade Bäume weg geschlagen sind und die jungen Bäume nachwachsen, da gehen diese Leute – die sind nämlich gescheit, nicht oben, sondern in der Nase; man kann nämlich in der Nase auch gescheit sein – durch solch einen Baumschlag, wo die jungen Bäume wieder nachgezogen werden sollen, kommen an eine Stelle und sagen: Nun, das wird ganz gut gedeihen, da riecht es nicht so moderig wie oftmals, da muss ein Ameisenhaufen in der Nähe sein, der seine Nützlichkeit erweist. – Das riechen nämlich die Leute; die sind mit der Nase gescheit. Aus solchem Gescheitsein mit der Nase rührt manche volkstümliche Wissenschaft her, die ganz nützlich ist.

Leider hat die neuere Zivilisation bloß die Gehirnkultur betrieben und diese Instinktdinge weggelassen. Aber der Instinkt ist dadurch auch ein bloßes Wort geworden. Die Tiere hier, namentlich in ihren Zusammenrottungen als Bienenstock, als Ameisenhaufen, die wissen nämlich im Grunde genommen das alles. Und das ist durch eine Art von Geruch bewirkt. Und wie gesagt, in mancher instinktiven Wissenschaft, da ist Gescheitheit der Nase drinnen.

Nun, wir werden in der nächsten Woche die Stunde fortsetzen. Ich wollte heute nur sagen: Die Bienen, Wespen und Ameisen nehmen der Natur nicht nur etwas weg als Räuber, sondern geben ihr auch die Möglichkeit, weiter zu leben und zu gedeihen.

Die sozialen Insekten leiten über zum nächsten Kapitel. Rudolf Steiner vergleicht das Einzeltier und das Leben in der Gemeinschaft, und er stellt fest, dass beim einzelnen Tier auf dieser Stufe wenig Verstand vorhanden ist. Erst in der Tiergemeinschaft lebt eine Weisheit. Rudolf Steiner wehrt sich dagegen, das ganze Gruppenverhalten den Instinkten der Einzeltiere zuzuschreiben. Seine Erörterungen knüpfen an Kapitel I und die Frage an, ob sich der Organismus aus den Einzeltieren oder aus einem übergeordneten Ganzen heraus aufbaut. Die sichtbare Plastizität im Verhalten übersteigt die Summe der Möglichkeiten aller einzelnen Tiere. Aus unserem naturwissenschaftlichen Verständnis heraus ist dies nur annähernd zu erklären, durch die außerordentliche Lernfähigkeit der Einzeltiere in Verbindung mit ihrer hervorragenden Kommunikation. Der konträre Ansatz, dass durch die sozialen Insekten ein Wesen wirkt, ist mindestens so überzeugend. Das wäre dann eine geistige Einheit, ein Bien, Ameis oder Wesp, die sich der Einzeltiere bedient, während diese Rudolf Steiner zufolge als Zellen solcher Gruppenwesen zu betrachten sind.

«Und da ist es sehr schwer zu sagen, das Tier hat einen allgemeinen Instinkt. Der würde ja dahin gehen, dass das Tier alles so macht, wie es eben in seinem Instinkt ist. Aber das Tier richtet sich nach den äußeren Verhältnissen. Das ist das Wichtige.»

Eine Grundeigenschaft des Bienenvolkes ist seine Anpassungsfähigkeit an äußere Umstände und das vielfältige Verhaltensspektrum. Das Bienenvolk kann seine Wohnung in einem Zwischenboden errichten, der nur 20 cm hoch, aber flächig ist, mit vielen kleinen Waben; es kann ebenso in einem hohlen Baumstamm einen Bau errichten, aus ein bis drei Meter langen Waben. Zu dieser Anpassung an die Form des Wohnraums kommt eine große Vielfalt im Verhalten hinzu. Für die Imkerin oder den Imker geht davon eine der Faszinationen der Bienenzucht aus. Man kann nur staunen, wie immer wieder etwas geschieht, was man noch nie gesehen hat, auch wenn man schon seit 20 Jahren mit vielen Bienenvölkern imkert. Einem Wissenschaftler bereitet diese Vielfalt Schwierigkeiten, weil sie eine große Streuung bedeutet und aussagekräftige Versuche mit Bienenvölkern erschwert. Hans Wille hat diese Verhaltensvielfalt als eine Überlebensstrategie des Bienenvolks interpretiert. Auf kreative, spielerische Weise probiert es immer etwas aus, das ergibt ein abwechslungsreiches Verhalten, das auch unter schwierigsten Umweltbedingung das Überleben Einzelner ermöglicht. Selbstverständlich besteht da auch eine Bandbreite des Verhaltens, die dem Bienenwesen entspricht. Sie ist aber groß genug, um den Begriff des instinktiven Verhaltens zu relativieren.

Zentrales Thema in diesem Vortrag ist jedoch das Verhältnis zwischen Insekten- und Pflanzenwelt, das auf einem gegenseitigen Geben und Nehmen beruht. Dabei erhalten die Pflanzen von den Insekten etwas, das für uns nicht unmittelbar ersichtlich ist.

«Sie sehen: Diese Bienen, Wespen und Ameisen sind nicht bloß Räuber, sondern bringen zu gleicher Zeit dasjenige, was den Blumen die Möglichkeit gibt, zu leben.»

Die heute vorherrschende Sicht auf das Verhältnis zwischen Pflanzen- und Insektenwelt ist eine andere:

Die grünen Pflanzen haben die Fähigkeit, aus Luft, Wasser und Sonnenlicht einfache organische Verbindungen aufzubauen. Diese Fotosynthese liegt als Grundprozess allem Leben zugrunde. Aus den unorganischen Elementen wird organisches Leben aufgebaut. Durch den Einbezug von Mineralien und Stickstoff entstehen komplexere Verbindungen und festere Substanzen. Die Pflanzen sind damit die Produzenten in der Biosphäre. Ihnen gegenüber stehen die Konsumenten: die Tiere und Menschen. Deren Lebensgrundlage besteht aus dem Ab- und Umbau von organischer Substanz, sie sind auf die Vorleistung der Produzenten angewiesen. Der Abbau ist mit dem Atmungsprozess verbunden. Der Vollständigkeit halber seien noch die Destruenten genannt, zumeist Pilze und Bakterien, die organische Verbindungen bis in deren mineralische Bestandteile zerlegen.

80% aller Tierarten sind Insekten. Sie bilden eine äußerst artenreiche Gruppe, die vielfältigste Abbauprozesse vollzieht. Die Vielfalt der Insektenarten zeigt sich auch in der Vielfalt ihrer Abbau-Aufgaben. Sie leben in den unterschiedlichsten «Nischen» dieser Welt und sind auch immer um alles pflanzliche Leben herum vorhanden. Darunter gibt es Arten, die ganz unterschiedliche Abbauaufgaben übernehmen können, andere wiederum sind sehr spezialisiert. Zu den typischen Spezialisten gehören etwa die Wachsmotten, sie sind die einzigen Tiere, die Bienenwachs abbauen können.

Die Bienen dagegen stehen ganz am Anfang der Abbauprozesse; die Bestäubung der Blüten leitet in der Regel den Abbau der Pflanzen ein, indem sich diese nun auf die Rückbildung konzentrieren, um den Samen hervorzubringen. Wespen und Ameisen sind mit einer breit gefächerten Zersetzung von abgestorbenem Pflanzen und Tieren beschäftigt.

Alle Insekten haben die Aufgabe abzubauen, um wieder Platz zu schaffen für neues Leben. Der Körper des vorherigen Lebewesen wird in seine Grundstoffe zerlegt. Je besser und gründlicher abgebaut wird, desto schneller kann wieder neues Leben entstehen. Die Insekten werden gerne als Schädlinge angesehen, weil sie dem Menschen scheinbar zuwiderhandeln, da sie Schäden an Holz, Nahrungsvorräten und angebauten Pflanzenverursachen und diese zersetzen. Zudem werden sie als eklig oder unangenehm empfunden, eine Berührung mit einem Insekt löst oft Abwehrreaktionen aus, zumindest fährt ein Schauer durch den Körper.

«So dass einmal unsere Erde in einem Zustand war, den man ungefähr so beschreiben könnte: Sie war mit Wolken umgeben, die Pflanzenleben in sich hatten, und an diese Wolken kamen aus dem Umkreis heran andere Wolken; die befruchteten sie, und die waren tierischer Art. Und aus dem Weltenraum kam die Tierheit und von der Erde herauf die Pflanzenheit.»

Dieses eindrückliche Bild vermittelt eine Empfindung für das Verhältnis von Pflanzenwelt und Tierwelt. Es ist ein summarisches Bild, das verhindert, dass man sich in den zahlreichen Details der Realität verliert. Die Berührung von Wolke zu Wolke schließt die vielfältigsten Interaktionen ein, die Tier- und Pflanzenwelt verbinden. Es ist die vereinfachte Darstellung der entstehenden Bewegungen, welche die Qualitäten des Bildes ausmachen. Eindrücklich daran ist die Innigkeit der notwendigen Verbindung von Tier und Pflanzenwelt. Die Pflanzen sind nach Rudolf Steiner darauf angewiesen, dass sie von den Insekten die Ameisensäure erhalten, durch direkte Berührung, aber auch durch die Luft. Diese Ameisensäure ermöglicht den Pflanzen zu genesen, sie setzt einen Erneuerungsimpuls.

In heutigen Zeitungsreportagen wird die Bestäubungsleistung der Bienen in Euro berechnet, die Abbauarbeit der Insekten in Schadensmeldungen aufsummiert und als Wertverminderung verbucht. Von einem Heilen der Pflanzen durch die Insektenwelt ist nur bei Rudolf Steiner die Rede, so wie er auch von einer inneren Verwandtschaft der beiden spricht:

Sie sehen also, wir können zwei Sätze vor uns hinstellen, die ein großes Geheimnis der Natur ausdrücken:

Schaue die Pflanze
Sie ist der von der Erde
gefesselte Schmetterling.

Schaue den Schmetterling
Er ist die vom Kosmos
befreite Pflanze.

Die Pflanze – der durch die Erde gefesselte Falter! Der Falter – die durch den Kosmos von der Erde befreite Pflanze!

Schaue man den Schmetterling, das Insekt überhaupt, von dem Keim bis zum flatternden Insekt hin an: Es ist die in die Luft hinauf gehobene, vom Kosmos in der Luft gestaltete Pflanze. Schaue man die Pflanze an: Es ist der Schmetterling, der unten gefesselt wird.

Elementarwesen

Neben diesen Schilderungen von Abhängigkeit und innerer Verwandtschaft wird von Rudolf Steiner noch ein drittes Phänomen beschrieben: Elementarwesen, die in diesem Spannungsfeld zwischen Bienen und Blüte auftauchen. Das Beobachten der vielfältigen Insektenbesuche auf einer Blüte ist ein faszinierendes Erlebnis, und es schafft eine besondere Stimmung. Die Wachheit im Umgang mit solchen Stimmungen und Erlebnissen kann neue Beobachtungsräume erschließen.

Man redet heute viel von Naturkräften, aber von Wesenheiten, die hinter diesen Naturkräften stehen, redet man recht wenig. Wenn man von Naturwesenheiten spricht, dann betrachtet der heutige Mensch das als Aufwärmung eines alten Aberglaubens. Dass jene Worte, die unsere Vorfahren gebrauchten, auf Wirklichkeit sich gründen – wenn jemand behauptet, dass Gnomen, Undinen, Sylphen und Salamander etwas Wirkliches bedeuten –, das gilt als alter Aberglaube. Was die Menschen für Theorien und Vorstellungen haben, ist in gewissem Sinne zunächst gleichgültig; wenn aber die Menschen durch diese Theorien verführt werden, gewisse Dinge nicht zu sehen und ihre Theorien im praktischen Leben anzuwenden, dann beginnt die Sache erst ihre volle Bedeutung zu gewinnen.

Nehmen wir ein groteskes Beispiel: Wer glaubt an Wesenheiten, deren Dasein an die Luft gebunden ist oder die im Wasser verkörpert sind? Wenn zum Beispiel jemand sagt: Unsere Vorfahren haben an gewisse Wesenheiten geglaubt, an Gnomen, Undinen, Sylphen, Salamander, aber das ist alles phantastisches Zeug! – dann möchte man erwidern: Fragt einmal die Bienen. – Und könnten die Bienen reden, so würden sie antworten: Für uns sind die Sylphen kein Aberglaube, denn wir wissen ganz gut, was wir von den Sylphen haben! – Und derjenige, dessen geistige Augen geöffnet sind, kann verfolgen, welche Kraft es ist, die das Bienlein hinzieht zur Blume. «Instinkt, Naturtrieb», wie der Mensch antwortet, sind leere Worte. Wesenheiten sind es, welche die Bienen hinleiten zum Blütenkelch, um sich dort Nahrung zu suchen, und im ganzen Bienenschwarm, der nach Nahrung ausschwärmt, sind Wesenheiten tätig, die unsere Vorfahren Sylphen nannten.

Überall da, wo verschiedene Naturreiche sich berühren, wird eine Gelegenheit geboten, dass sich gewisse Wesenheiten offenbaren. Zum Beispiel im Innern der Erde, da, wo sich der Stein mit der Metallader berührt, da setzen sich besondere Wesenheiten an. An der Quelle, wo das Moos den Stein bedeckt und somit das Pflanzenreich das Mineralreich berührt, setzen sich solche Wesenheiten fest. Wo Tier und Pflanze sich berühren, im Blumenkelch, bei der Berührung der Biene mit der Blüte, da verkörpern sich bestimmte Wesenheiten, ebenso da, wo der Mensch sich mit dem Tierreiche berührt. Nicht im gewöhnlichen Verlauf der Berührung ist das der Fall. Nicht, wenn zum Beispiel der Fleischer das Rind schlachtet oder wenn der Mensch das Fleisch der Tiere isst, nicht im normalen Verlauf des Lebens, da ist so etwas nicht der Fall. Aber wo im außernormalen Verlauf, wie bei Bienen und Blume, sich wie durch einen Überschuss von Leben die Reiche berühren, da verkörpern sich Wesenheiten. Und insbesondere da, wo des Menschen Gemüt, sein Intellekt, im Umgang mit den Tieren besonders engagiert ist, bei einem Verhältnis, wie es zum Beispiel der Schäfer zu den Schafen hat, ein Gemütsverhältnis, da verkörpern sich solche Wesenheiten.

Kapitel IX: Prozesse

Eigentlich müssen wir noch etwas über die Frage des Herrn Dollinger sprechen. Er wollte ja in Ihrem Namen wissen – denn das ist wohl für jeden interessant –, wie der Zusammenhang in geistiger Beziehung ist zwischen dieser Herde von Insekten, die sich bewegt, an die Pflanzen herankommt, und dem, was sich in den Pflanzen befindet.

Sehen Sie, ich habe Ihnen ja schon früher gesagt: Es ist um uns überall vorhanden nicht nur so etwas wie Sauerstoff und Stickstoff, sondern es ist in der ganzen Natur vorhanden Verstand, richtig Verstand. Kein Mensch wundert sich, wenn man sagt: Wir atmen die Luft ein –, weil die Luft überall ist und sozusagen die Wissenschaft heute schon so stark in die Schulbücher hineingekommen ist, dass den Leuten gesagt wird: Überall ist Luft, und du atmest die Luft ein. – Aber ich habe zum Beispiel schon Leute gekannt draußen auf dem Lande, die haben das als eine Phantasie betrachtet, weil sie eben nicht gewusst haben, dass draußen Luft ist, ebenso wie die Leute heute nicht wissen, dass überall Verstand ist. Die betrachten es als eine Phantasie, wenn man sagt: Geradeso wie wir mit den Lungen die Luft einatmen, so atmen wir zum Beispiel mit der Nase oder mit dem Ohr Verstand ein. – Und ich habe Ihnen ja früher schon reichlich Beispiele gezeigt, an denen Sie sehen konnten, dass Verstand überall ist. Wir haben ja in der letzten Zeit von einem ganz besonders interessanten naturwissenschaftlichen Kapitel gesprochen, von den Bienen, Wespen und Ameisen. Vielleicht kann man durch wenig von dem, was in der Natur ist, so gründliche Blicke hineintun in die Natur selber wie durch das Treiben der Insekten überhaupt. Die Insekten sind nun einmal ganz merkwürdige Tiere und sie werden noch manches Geheimnis an den Tag bringen.

Es ist ja merkwürdig, dass wir sozusagen unser Insektenkapitel gerade in der Zeit besprechen, in der der hundertste Geburtstag des bedeutenden Insektenforschers Jean-Henri Fabre ist, der am 22. Dezember vor einem Jahrhundert geboren worden ist und der gerade in die materialistische Zeit hineinfiel, daher alles materialistisch ausgelegt hat, der aber ungeheuer viele Tatsachen aus dem Leben der Insekten ans Licht gebracht hat, so dass es schon ganz natürlich ist, dass wir heute, wo wir über Insekten sprechen, an ihn erinnern.

Nun will ich Ihnen zunächst einmal ein Beispiel von einer Insektenart anführen, die Sie gerade im Zusammenhang mit den Bienen außerordentlich interessieren kann. Die Biene arbeitet ja in einem hohen Grade vollkommen, und es ist schon das Merkwürdigste an der Biene nicht das, dass sie schließlich den Honig hervorbringt, sondern dass sie diese wunderbar gebauten Zellenwaben ganz aus sich selber heraus macht. Sie muss ja dasjenige, was sie als Material verwendet, an sich selber in den Bienenstock hineintragen. Und sie arbeitet eigentlich so, dass sie das Material gar nicht mehr ursprünglich benützt, sondern dass sie das ganz verwandelt in den Bienenstock hineinbringt. Aus sich selber heraus arbeitet sie so.

Nun gibt es aber eine Bienenart, die nicht in dieser Weise arbeitet, die aber gerade durch ihre Arbeit zeigt, was für ein ungeheurer Verstand in der ganzen Natur ist. Wollen wir einmal diese Bienenart, die man gewöhnlich die Holzbiene nennt, die nicht so beachtet wird wie die Hausbiene, weil sie den Menschen meistens lästig wird, in ihrer Arbeit betrachten. Das ist ein ungeheuer fleißiges Tier, und ein Tier, das wirklich, damit es leben kann – nicht das einzelne Tier, aber die ganze Art leben kann –, ungeheure Arbeit zu verrichten hat. Dieses Tier sucht sich Holz aus, das nicht mehr an den Bäumen ist, sondern das schon aus den Bäumen herausgenommen und verarbeitet ist. Sie können diese Holzbiene mit ihren Nestern, die ich Ihnen gleich beschreiben werde, finden, sagen wir, wenn Sie Pflöcke irgendwo eingeschlagen haben, also wo eben das Holz aus den Bäumen herausgenommen ist und scheinbar unbelebtes Holz ist, Pflöcke oder Säulen, die aus Holz sind. Da drinnen können Sie die Holzbiene finden, auch in Gartenbänken oder Gartentüren, Also da, wo man Holz benützt hat, da macht die Holzbiene ihr Nest hinein, aber auf eine ganz sonderbare Weise.

Denken Sie sich einmal, das wäre solch ein Pfosten.

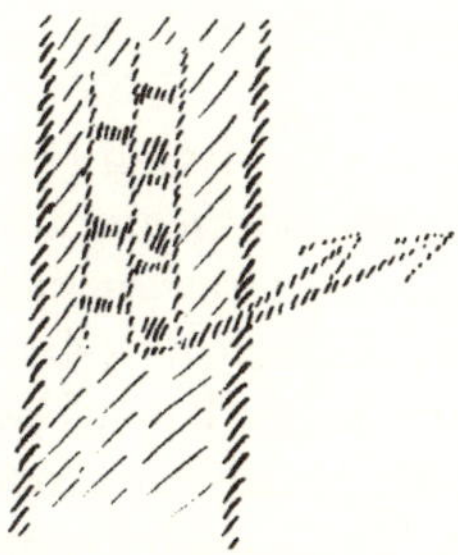

Das ist also das Holz, das aus dem Baum bereits heraus ist. Jetzt kommt die Holzbiene und bohrt zunächst von außen so in schräger Weise einen Gang hinein. Und wenn sie da drinnen angekommen ist, den Gang ausgeholzt hat, so eine Art Kanal ausgebohrt hat, dann fängt sie an, in ganz anderer Richtung zu bohren. Dann bohrt sie so, dass da zunächst eine kleine ringförmige Höhlung entsteht. Jetzt fliegt das Insekt fort, holt allerlei aus der Umgebung und polstert diese Höhle aus. Und dann, wenn es sie ausgepolstert hat, legt es das Ei hinein, aus dem die Made wird. Das liegt jetzt da drinnen. Wenn es das Ei abgelegt hat, kommt das Bienlein und macht darüber einen Deckel, in dem da in der Mitte ein Loch ist. Und jetzt fängt es an, da oben über diesem Deckel weiterzubohren, legt da drüber eine zweite Wohnung an für eine zweite auskriechende Holzbiene, und legt, nachdem es sie ausgepolstert hat, ein Loch gelassen hat, wiederum ein Ei hinein. Das setzt die Holzbiene fort, bis sie solche übereinander gelegten Höhlungen zu zehn oder zwölf übereinander gebaut hat. Überall ist ein Ei drinnen.

Jetzt kann die Made sich da drinnen in diesem Holzstock entwickeln. Überall legt das Insekt noch Futter neben die Made. Die frisst zuerst von dem Futter, das ihr zubereitet war, und wird dann reif zum Auskriechen. Aber jetzt kommt die Zeit, wo das Insekt sich verpuppt hat und sich verwandelt hat in die geflügelte Biene, die nun ausfliegen soll.

Da drinnen ist das so, dass die Made sich nun entwickelt und nach einiger Zeit richtig ausfliegen kann. Wenn die Zeit ist, wo die Made reif ist, sich verpuppt hat und Insekt wird, ist es ja jetzt so, dass das fertige Insekt durch diesen Gang herausfliegen kann. Dadurch ist durch die Geschicklichkeit der Holzbiene erreicht, dass durch den Gang, der zuerst hineingebohrt worden ist, das fertige Insekt wiederum herausfliegen kann. Ja, schön. Aber wenn jetzt das zweite Insekt hier kommt, das ja etwas jünger ist, und das dritte oben ist wieder etwas jünger, weil das Muttertier erst diese Wohnungen machen muss, da finden diese Tiere keinen seitlichen Ausgang, um herauszukommen. Und die fatale Geschichte bestünde jetzt darin, dass die oberen Tiere allmählich da drinnen zugrunde gehen müssten. Aber das verhindert das Muttertier dadurch, dass es das Ei so legt, dass, wenn die Made, die jünger ist, auskriecht, sie da dieses Loch findet, von dem ich Ihnen erzählt habe; sie lässt sich da herunterfallen und kriecht da aus. Das dritte Tier lässt sich durch die zwei Löcher herunterfallen und kriecht so aus. Und dadurch, dass jedes später auskriechende Tier etwas später kommt, stört es das früher auskriechende Tier unter ihm nicht. Sie kommen nie zusammen, sondern das frühere ist immer schon ausgeflogen.

Sie sehen, das ganze Nest ist so vernünftig angelegt, dass man nur staunen kann darüber. Wenn Menschen heute maschinell etwas nachmachen, so sind meistens die Dinge, die die Menschen nachmachen, solchen Dingen nachgeahmt, aber sie sind meist weit weniger geschickt gemacht. Die Dinge, die in der Natur vorhanden sind, sind außerordentlich geschickt gemacht, und man muss schon sagen: Da drinnen ist durchaus Verstand, richtiger Verstand. – Und davon, dass in dieser Art, wie die Insekten bauen, wie die Insekten bei der Arbeit sich benehmen, davon, dass da Verstand drinnen lebt, könnte man Hunderte und Tausende von Beispielen anführen. Denken Sie sich nur, wie viel Verstand in dem liegt, was ich Ihnen neulich von der Ackerbauameise gesagt habe, die ihre ganze Wirtschaft anlegt und alles mit einem ungeheuren Verstand anlegt.

Nun haben wir aber noch eine andere Sache betrachtet, gerade als wir diese Insekten, Bienen, Wespen und Ameisen ins Auge fassten. Ich habe Ihnen gesagt, alle diese Tiere haben in sich etwas, was eine Art giftiger Stoff ist, und dieser giftige Stoff, den alle diese Tiere in sich haben, der ist zu gleicher Zeit, wenn man ihn richtig dosiert, in richtiger Dosis gibt, ein ausgezeichnetes Heilmittel. Das Bienengift ist ein ausgezeichnetes Heilmittel. Das Wespengift ist ein ausgezeichnetes Heilmittel. Und die Ameisensäure, die von den Ameisen abgesondert wird, ist erst recht ein gutes Heilmittel. Aber ich habe Ihnen auch das schon angedeutet: Diese Ameisensäure, die kriegen wir, wenn wir an einen Ameisenhaufen herangehen, die Ameisen herausnehmen, sie dann zerquetschen. Also, die Ameisen haben diese Ameisensäure in sich; durch das Zerquetschen der Ameisen kriegen wir die Ameisensäure heraus. Diese Ameisensäure findet sich also eigentlich vorzugsweise bei den Ameisen. Aber wenn Sie wüssten, wie viel – verhältnismäßig natürlich – Ameisensäure in diesem Saal drinnen ist, Sie würden eben recht staunen! Sie werden sagen: Wir können doch nicht hier in einer Ecke einen Ameisenhaufen suchen. – So viel Sie da sitzen, sind Sie in Wirklichkeit selber solch ein Ameisenhaufen! Denn überall in Ihren Gliedern, Muskeln, in Ihren anderen Geweben, im Herzgewebe, im Lungengewebe, im Lebergewebe, im Milzgewebe namentlich – überall da drinnen ist Ameisensäure, allerdings nicht so konzentriert und stark wie im Ameisenhaufen. Aber dennoch, Sie sind so, dass Sie ganz ausgefüllt sind mit Ameisensäure – ganz ausgefüllt. Ja, sehen Sie, das ist etwas höchst Merkwürdiges.

Wozu haben wir denn eigentlich in unserem Körper diese Ameisensäure? Wenn ein Mensch zu wenig hat, so muss man das erkennen. Wenn irgendein Mensch als kranker Mensch auftritt – und die Menschen sind ja meistens eigentlich ein bisschen krank –, so kann er ja hunderterlei Krankheiten haben, die äußerlich alle gleich ausschauen. Man muss erkennen, was ihm eigentlich fehlt; dass er blass ist oder dass er nicht essen kann, das sind ja nur äußerliche Dinge. Man muss darauf kommen, was ihm eigentlich fehlt. Und so kann es bei manchem Menschen sein, dass er einfach in sich selber nicht genug Ameisenhaufen ist, nicht genug Ameisensäure produziert. Geradeso wie im Ameisenhaufen Ameisensäure produziert wird, so muss einfach im menschlichen Körper, in allen seinen Gliedern, besonders in der Milz, stark Ameisensäure erzeugt werden. Und wenn der Mensch zu wenig Ameisensäure erzeugt, muss man ihm ein Präparat beibringen, ein Heilmittel, wodurch man ihm äußerlich hilft, genug Ameisensäure zu erzeugen.

Nun muss man aber beobachten, was mit einem Menschen geschieht, der gerade zu wenig Ameisensäure hat. Diese Beobachtungen, die können eben nur dann eintreten, wenn die Leute, die das beobachten wollen, wirklich gute Menschenkenner sind. Man muss sich dann eine Vorstellung darüber bilden, was in der Seele eines Menschen vorgeht, der zuerst genügend Ameisensäure in sich gehabt hat und der nachher zu wenig Ameisensäure in sich hat. Das ist sehr merkwürdig. Solch ein Mensch, der wird Ihnen, wenn Sie ihn in der richtigen Weise fragen, über seine Krankheit das Richtige aussagen. Nehmen Sie an, Sie haben zum Beispiel einen Menschen, der sagt Ihnen, indem Sie ihn auf die Spur bringen: Ach, Donnerwetter, vor einigen Monaten, da ist mir alles gut eingefallen, da habe ich alles gut ausspintisieren können. Jetzt bleibt es aus. Es geht nicht mehr. Wenn ich mich auf etwas besinnen will, da geht es nicht mehr. – Das ist oftmals ein viel wichtigeres Zeichen, als alle äußeren Untersuchungen Ihnen geben können, was man ja heute, mit Recht selbstverständlich, auch tun muss. Aber Sie können heute den Urin untersuchen auf Eiweiß, auf Eiter, auf Zucker und so weiter, Sie kriegen natürlich ganz interessante Resultate heraus; aber unter Umständen kann viel wichtiger sein, dass einem ein Mensch so etwas sagt, was ich Ihnen erzählt habe. Denn dann, wenn er Ihnen so etwas erzählt, müssen Sie natürlich noch einiges andere kennenlernen; aber da können Sie herauskriegen: Es ist in der letzten Zeit die Ameisensäure zu wenig geworden in seinem eigenen Körper.

Jetzt kann einer sagen, der noch äußerlich denkt: Der Mensch hat zu wenig Ameisensäure. Ich quetsche Ameisensäure aus oder stelle sie auf andere Weise her und gebe ihm Ameisensäure ein in entsprechender Dosierung. – Sie können das dann eine Zeitlang machen, und der Patient kommt zu Ihnen und sagt: Aber das hat mir gar nichts geholfen. – Was liegt da wiederum vor? Es hat ihm wirklich nichts geholfen. Es war ganz richtig, er hatte zu wenig Ameisensäure; Sie haben ihm Ameisensäure gegeben und es nützte nichts, hat gar nichts genützt. Was liegt da vor?

Ja, sehen Sie, wenn Sie weiterforschen, so kommen Sie darauf: Bei dem einen Menschen hat die Ameisensäure nicht geholfen, bei anderen Menschen hat sie aber fortwährend geholfen. – Nun, Sie merken nach und nach den Unterschied. Diejenigen Menschen, bei denen die Ameisensäure hilft, die werden namentlich Verschleimungen in der Lunge zeigen. Diejenigen Menschen, bei denen die Ameisensäure nichts hilft, die zeigen die Verschleimungen in der Leber oder in den Nieren oder in der Milz. Es ist das eine sehr eigentümliche Geschichte. Es ist also ein großer Unterschied, ob der Lunge zum Beispiel die Ameisensäure fehlt oder ob der Leber die Ameisensäure fehlt. Der Unterschied ist der, dass mit dieser Ameisensäure, die im Ameisenhaufen drinnen ist, die Lunge sogleich etwas anfangen kann. Die Leber kann mit der Ameisensäure gar nichts anfangen.

Und jetzt kommt etwas anderes! Jetzt müssen Sie, wenn Sie bemerken, dass der Mensch an der Leber oder namentlich in den Gedärmen nicht ganz in Ordnung ist und ihm die Ameisensäure nichts hilft, trotzdem er zu wenig Ameisensäure in sich hat, ihm Kleesäure geben. Das heißt, Sie müssen den gewöhnlichen Sauerklee oder den Klee überhaupt, der auf den Äckern ist, zerpressen, diese Säure herausnehmen und ihm eingeben. Also, Sie sehen: Bei einem, der in der Lunge etwas hat, müssen Sie Ameisensäure eingeben; bei einem, der in der Leber oder in den Gedärmen etwas hat, müssen Sie Kleesäure eingeben. Das Eigentümliche ist aber das, dass nun der Mensch, dem Sie die Kleesäure eingeben, aus der Kleesäure in sich selber nach einiger Zeit, nachdem Sie ihm die Kleesäure eingegeben haben, Ameisensäure macht! Also, es kommt darauf an, dass man nicht bloß von außen her die Dinge in den Menschen hineinbringt, sondern man muss wissen, was der Organismus selber aus sich macht. Wenn Sie ihm die Ameisensäure eingeben, sagt der Organismus: Das ist doch nicht für mich, ich will arbeiten – man gab ihm die fertige Ameisensäure –, an der habe ich nicht zu arbeiten, die schaffe ich nicht in die Lunge herauf. – Natürlich müssen Sie das in den Magen geben. Da kommt es in die Därme zuletzt. Da sagt der seinerseits dem menschlichen Körper, der nun arbeiten will: Was setzt man mir vor? Ich soll nicht erst selber Ameisensäure schaffen, sondern die Ameisensäure, die man mir vorsetzt, soll ich aus dem Magen in die Lunge schaffen? Das tue ich nicht. – Er will Kleesäure haben, und aus dieser macht er die Ameisensäure.

Ja, das Leben besteht aus der Arbeit, nicht in Stoffen, und das ist das Allerwichtigste, dass man weiß, dass das Leben gar nicht im Verzehren von Kohl und Rüben besteht, sondern darin, was der Körper tun muss, wenn in ihn der Kohl und der Rübenstoff hineinkommt. Jedenfalls darf er aber nicht wieder Kohl fabrizieren aus seinem Kohl heraus. Das ist aber dasjenige, was unserer heutigen Zivilisation ganz besonders merkwürdig zugrunde liegt.

Sie sehen aber daraus, was für eine merkwürdige Beziehung in der Natur besteht. Da sind draußen die Pflanzen. Der Klee ist ja nur besonders charakterisiert. Kleesäure findet sich aber in allen Pflanzen, ist beim Klee nur am meisten vorhanden; deshalb reden wir von «Kleesäure». Aber geradeso wie Ameisensäure überall in der Natur und überall im menschlichen Körper sich findet, so findet sich überall in der Natur und im menschlichen Körper die Kleesäure.

Nun gibt es etwas anderes Interessantes. Nehmen Sie an, Sie nehmen eine Retorte, wie man sie im chemischen Laboratorium hat; Sie machen darunter eine Flamme und geben nun in diese Retorte Kleesäure hinein – das ist so salzige, bröselige Asche –, dann gerade so viel Glyzerin. Das mischt man durcheinander und erhitzt es. Dann dampft mir die Geschichte da herüber [siehe Zeichnung]. Ich kann das, was ich da bekomme, auffangen. Aber zu gleicher Zeit merke ich: Da geht Luft weg. Die geht da überall weg. – Wenn ich diese Luft, die da weggeht, untersuche, so finde ich: Diese Luft ist Kohlensäure. Also, da geht überall Kohlensäure heraus. Und hier, wo ich auffange, bekomme ich dann Ameisensäure. Da ist jetzt Ameisensäure drinnen. Da, in der Retorte, habe ich Kleesäure und Glyzerin drinnen gehabt. Das Glyzerin bleibt liegen; das andere geht da herüber, die flüssige Ameisensäure tropft da herunter und die Kohlensäure geht hier fort.

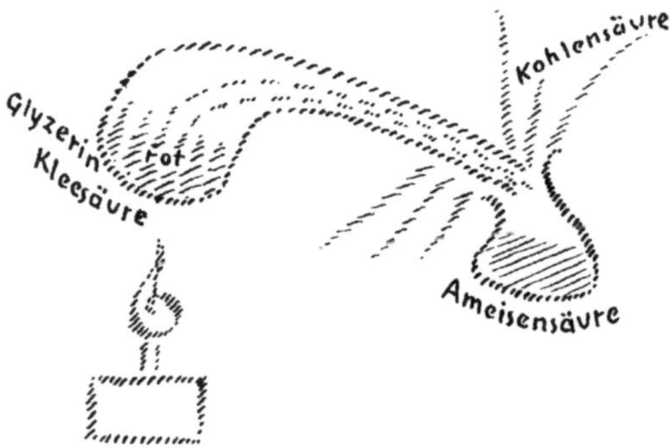

Nun, schauen Sie sich die Geschichte da nur einmal ordentlich an, dann werden Sie sagen können: Nehmen wir einmal an, statt dieser Retorte wäre hier die menschliche Leber oder, sagen wir, irgend etwas, ein menschliches oder tierisches Gewebe, irgendein Organ des tierischen Unterleibes, Leber, Milz oder so etwas. Ich bringe durch den Magen Kleesäure herein. Die Glyzerinkraft hat der Körper selber. Da habe ich ja in meinen Gedärmen drinnen zusammen Kleesäure und Glyzerin. Und was geschieht? Nun, schauen Sie sich jetzt den menschlichen Mund an, dann kommt da Kohlensäure heraus und von der Lunge herunter tropft überall in den menschlichen Körper die Ameisensäure gegen die Organe herein. Also, das Ganze, was ich Ihnen hier aufgezeichnet habe, haben wir in unserem eigenen Körper. Wir erzeugen immerfort in unserem Körper aus Kleesäure Ameisensäure.

Jetzt denken Sie sich die über die Erde ausgebreiteten Pflanzen. Da ist überall Kleesäure drinnen. Und jetzt denken Sie sich die Insekten. Bei denen kommt das nur in der merkwürdigsten Weise heraus. Denken Sie sich zunächst die Ameisen. Die gehen an diese Pflanzen und so weiter heran, oder sie gehen auch an das heran, was aus den Pflanzen vermodert. Da ist also überall diese Kleesäure drinnen, und diese Tiere machen sich gerade so, wie sie sich der Mensch selber macht, daraus Ameisensäure. Und die Ameisensäure ist überall vorhanden. Durch die Insekten ist überall Ameisensäure vorhanden.

Ja, da schaut der Philister so in die Luft hinein und sagt dann: In der Luft, da ist Stickstoff, Sauerstoff. – Aber in ganz geringer Menge ist dadurch, dass die Insekten die Luft durchschwirren, immer Ameisensäure vorhanden. Das heißt, wir haben auf der einen Seite den Menschen. Der ist eine kleine Welt. Der macht in sich Ameisensäure und durchdringt namentlich seinen Atem fortwährend mit Ameisensäure. Und in der großen Welt draußen, da ist statt dessen, was im Menschen vor sich geht, das Heer der Insekten. Es wird der große Atem der Luft, der um die Erde herum ist, fortwährend mit Ameisensäure durchdrungen, die aus der Kleesäure der Pflanzen gemacht wird. Es ist schon so.

Wenn man richtig beobachtet und sich den Unterkörper des Menschen anschaut mit den darinnen liegenden Gedärmen, dem Magen, der Leber, den Nieren, der Milz, dann weiter drinnen liegen die Gedärme, so ist es schon so, dass da fortwährend die Kleesäure in die Ameisensäure verwandelt wird, und diese Ameisensäure geht mit der

Luft, die der Mensch einatmet, in alle Teile des Körpers über. So ist es im Menschen.

Draußen auf der Erde haben Sie überall die Pflanzen. Dann haben Sie die Insekten in der verschiedensten Weise, die darüber flattern. Da drunten haben Sie die Kleesäure. Die Insekten flattern heran, und durch ihre Begegnung entsteht die Ameisensäure und die füllt die Luft aus. So dass wir immer auch aus der Luft Ameisensäure einatmen. Dasjenige, was nun die Wespen haben, das ist ein der Ameisensäure ähnliches Gift, nur etwas umgewandelt. Und was die Bienen als Bienengift in ihrem Stachel haben – aber eigentlich hat es ihr ganzer Körper –, ist wieder umgewandelte Ameisensäure, höher verwandelte Ameisensäure. Wenn man dies anschaut, da sagt man sich: Wir schauen uns diese Insekten an, Ameisen, Wespen, Bienen; die führen äußerlich etwas ungemein gescheites aus. – Warum führen sie etwas ungemein Gescheites aus? Wenn die Ameise keine Ameisensäure hätte, würde sie all das, was ich Ihnen als etwas so Schönes geschildert habe, ganz dumm schaffen. Nur dadurch, dass die Ameisen so beschaffen sind, dass sie die Ameisensäure erzeugen können, erscheint alles so vernünftig und verständig, was sie bauen. Ebenso bei den Wespen und bei den Bienen.

Haben wir jetzt nicht alle Veranlassung, wenn wir selber in uns diese Ameisensäure erzeugen, uns zu sagen: Draußen in der Natur ist überall Verstand; der kommt durch die Ameisensäure. In uns ist auch überall Verstand, weil wir die Ameisensäure haben. – Und die Ameisensäure wäre nicht da, wenn nicht zuerst die Kleesäure da wäre. Nun ja, da flattern die Tierlein über den Pflanzen herum und sind die Veranlassung, dass die in den Pflanzen befindliche Kleesäure sich in Ameisensäure verwandelt, eine Metamorphose eingeht.

Diese Dinge, die begreift man erst, wenn man sich jetzt frägt: Ja, wie ist es mit der Kleesäure? Sehen Sie, die Kleesäure ist überall da, wo Leben sein soll. Wo etwas lebt, ist die Kleesäure da. Da ist aber auch ein Ätherleib. Der Ätherleib macht, dass die Kleesäure eben gleich erneuert wird. Aber die Kleesäure wird niemals für den menschlichen oder tierischen Organismus brauchbare Ameisensäure, wenn sie nicht durch einen Astralleib aus der Kleesäure in die Ameisensäure umgewandelt wird. Denn die Ameisensäure, die ich hier aus der Retorte genommen habe, die hilft dem menschlichen und tierischen Leib nichts. Da täuscht man sich, wenn man glaubt, dass die etwas Wirkliches hilft, die ist tot. Die Ameisensäure, die hier und hier – im Menschen und durch die Insekten – erzeugt wird, die ist lebendig, und die tritt überall auf, wo Empfindung, wo Seelisches auftritt. Der Mensch muss Ameisensäure in sich entwickeln, wenn er aus dem bloßen Leben, das in seinem Unterleibe ist, wo die Kleesäure eine große Rolle spielt, das Seelische hervorbringen will. Dann lebt in der Ameisensäure im Atem das Seelische und geht hinauf nach dem Kopfe und kann im Kopfe weiter wirken. Das Seelische braucht diese Verarbeitung der Kleesäure in die Ameisensäure im Menschen.

Was geschieht denn da eigentlich, wenn die Kleesäure in die Ameisensäure umgewandelt wird? Sehen Sie, das kann das Erste, was ich Ihnen gesagt habe, lehren. Diese Holzbiene, von der ich sprach, ist ganz besonders interessant, denn sie arbeitet ja in das Holz hinein, das nicht mehr ein lebendiges ist. Und wenn diese Holzbiene nicht dieses Holz ordentlich brauchen könnte, dann würde sie eben woanders ihren Aufenthalt suchen. In die Bäume hinein macht gerade diese Biene ihr Nest nicht, sondern in vermoderndes Holz, wo schon die Pfosten und Pfeiler anfangen zu vermodern, da legt sie die Eier hinein, nachdem sie sich ihr Nest gebaut hat.

Wenn man nun den Zusammenhang des Vermodernden mit den Holzbienen studiert, dann kriegt man heraus, dass das, was da vor sich geht im vermodernden Holz, im menschlichen Körper fortwährend vor sich geht. Er fängt an zu modern, und wenn er zu stark modert, dann stirbt er. Und was da draußen vor sich geht, das muss der Mensch fortwährend tun: Er muss die Zellen aufbauen. Und das kann er nur dadurch, dass er das Pflanzliche, das von der Kleesäure durchdrungen ist, in die Ameisensäure umwandelt, in dasjenige umwandelt, was von der Ameisensäure durchdrungen ist.

Jetzt können Sie sagen: Was hat denn das Ganze für eine Bedeutung für die Natur? – Nun, denken wir einmal an einen solchen Pfeiler oder Pfosten, der aus Holz ist und der vermodert. Wenn da niemals eine solche Holzbiene an einen Pfosten herankommt, so ist das dem Menschen sehr angenehm, denn sie breiten sich ziemlich aus, und der Pfosten fällt das nächste Jahr um, weil sie ihn hohl machen. Den Menschen ist das nicht sehr angenehm, aber der Natur ist es um so angenehmer. Denn wenn alles Holz, das aus den Pflanzen kommt, ohne diese Bienennester weiterexistieren würde, so würde dieses Holz nach und nach – Sie sehen ja das dem Moder an – zerbröckeln, verstauben und würde ganz unbrauchbar werden. Das Holz aber, worinnen eine Holzbiene gearbeitet hat, das zerstiebt nicht, sondern das belebt sich wiederum. Und aus all dem Holz, das durch diese Holzbienen ein bisschen wiederum belebt wird, entsteht vieles von dem – ebenso aber durch die anderen Insekten –, was macht, dass unsere Erde einmal nicht ganz vermodert, im Weltenraum zerstäuben wird, sondern weiterleben kann, weil sie von diesen Insekten belebt wird. Wir Menschen atmen die Ameisensäure ein. In der Natur wirkt die Ameisensäure, die von diesen Insekten aus der Kleesäure der Pflanzen bereitet wird, so, dass die Erde überhaupt weiterleben kann.

Betrachten Sie jetzt den Zusammenhang. Hier haben wir den Menschen, hier die Erde. Betrachten wir zuerst den

Menschen. Nehmen wir an, er ist ein junges Kind. Er verwandelt, wenn er ein junges Kind ist, mit Leichtigkeit die im Unterleib befindliche Kleesäure in Ameisensäure. Die Organe kriegen genug an Ameisensäure. Die menschliche Seele entwickelt sich im Kinde. Wir haben also die Ameisensäure als die Grundlage für Seele und Geist. Und wenn der Mensch alt wird und nicht mehr genügend Ameisensäure entwickeln kann, gehen die Seele und der Geist fort. Die Ameisensäure also, die zieht Seele und Geist heran; sonst geht der Geist fort. Es ist sehr interessant.

Wenn Sie zum Beispiel einen Menschen, der sehr viel innere Eiterprozesse hat, richtig beobachten, so können Sie finden, dass ihm die Ameisensäure hilft, diese Eiterprozesse zu überwinden. Dann tritt das rechte Verhältnis ein zwischen dem Astralleib und seinem Körper, was durch die Eiterprozesse verhindert war. So dass immer die Ameisensäure gebraucht wird gerade in der richtigen Weise als die Grundlage für Seele und Geist. Wenn der Körper eben zu wenig Ameisensäure hat, vermodert er und kann die Seele nicht mehr haben; der Körper wird alt, die Seele muss fort.

Nun haben wir auf der einen Seite hier den Menschen, auf der anderen Seite die Natur. In der Natur wird auch fortwährend aus Kleesäure Ameisensäure gebildet, so dass die Erde immerfort die Möglichkeit hat, umgeben zu sein nicht nur von Sauerstoff und Stickstoff, sondern auch von Ameisensäure.

Diese Ameisensäure, die macht nun, dass die Erde überhaupt nicht, ich möchte sagen, jedes Jahr abstirbt, sondern weiter jedes Jahr sich beleben kann da oben. Dasjenige, was unter der Erde ist, das sehnt sich als Same nach der Ameisensäure, die da oben ist. Und in dem besteht das Wiederaufleben. Jedes Mal im Winter ist es so, dass der Geist der Erde selber eigentlich bestrebt ist, wegzugehen. Und im Frühling ist es so, dass der Geist der Erde sich wiederum belebt. Der Geist der Erde macht die Erde erstarren im Winter; im Frühling belebt er sie wieder. Das macht, weil dasjenige, was als Same unter der Erde wartet, an die Ameisensäure herankommt, die erzeugt worden ist im letzten Jahr durch den Verkehr der Insektenwelt mit der Pflanzenwelt. Und jetzt kommen die Samen nicht nur herauf in Sauerstoff, in Stickstoff und in Kohlenstoff, sondern jetzt kommen die Pflanzen herauf in Ameisensäure. Und diese Ameisensäure, die regt sie an, selber wiederum Kleesäure zu entwickeln, wodurch die Ameisensäure im nächsten Jahr da sein kann. Geradeso aber wie die Ameisensäure im Menschen die Grundlage sein kann für Seele und Geist, so ist die Ameisensäure, die im Weltenall ausgebreitet ist, die Grundlage für das Geistige und Seelische der Erde. So dass wir also sagen können: Auch bei der Erde ist die Ameisensäure die Grundlage für Erdseele und Erdgeist.

Es ist tatsächlich viel schwerer zu telegrafieren in einer Gegend, wo gar keine Ameisenhaufen sind, als in einer Gegend, wo Ameisenhaufen sind, weil die Elektrizität und der Magnetismus, die zum Telegrafieren-Können gehören, von der Ameisensäure abhängen. Wenn die Telegrafendrähte durch Städte gehen, wo keine Ameisen sind, dann muss schon von außen, wo sie durch die Felder gehen, die Kraft darinnen liegen, dass sie überhaupt durch die Städte durchgehen, die magnetischen und die elektrischen Strömungen. Aber natürlich breitet sich ja die Ameisensäure aus und erfüllt auch die Luft der Städte.

Nun, sehen Sie, so können wir sagen: Was im Menschen drinnen ist – auch in Bezug auf die Erzeugung der Ameisensäure –, das ist auch draußen in der Natur. – Der Mensch ist eine kleine Welt. Nur ist es beim Menschen so, dass er während seines Lebens bis zum Tode hin geeignet ist, aus Kleesäure Ameisensäure zu machen. Dann wird er ungeeignet, dann stirbt sein Körper ab. Er muss erst wieder einen Körper bekommen, der im Kinde in der richtigen Weise aus der Kleesäure Ameisensäure macht. Bei der Natur geht es immer weiter: Winter, Sommer; Winter, Sommer. Es wird immer Kleesäure in Ameisensäure umgewandelt.

Wenn man so einen sterbenden Menschen betrachtet, so hat man eigentlich das Gefühl: Er probiert zunächst, indem er stirbt, ob sein Körper noch genügend geeignet ist, Ameisensäure zu entwickeln. Dann, wenn er nicht geeignet ist, tritt eben der Tod ein. Dann geht der Mensch in die geistige Welt über und er hält es eben in seinem Körper nicht mehr aus. So dass wir sagen können: Ein Mensch stirbt in einem gewissen Zeitpunkt. Dann vergeht eine lange Zeit und er kommt wiederum in einen anderen Körper. Dazwischen ist er in der geistigen Welt.

Wenn nun im Bienenstock eine junge Königin ausschlüpft, dann ist, wie ich Ihnen gesagt habe, etwas in den Bienen, was diese Bienen stört. Vorher leben die Bienen in einer Art Dämmerung. Dann sehen sie diese junge Königin aufleuchten. Was ist denn verknüpft mit diesem Aufleuchten dieser jungen Königin? Mit diesem Aufleuchten der jungen Königin ist das verknüpft, dass die junge Königin der alten Königin die Kraft des Bienengiftes wegnimmt. Und das ist die Furcht des ausziehenden Schwarmes, dass er das Bienengift nicht mehr hat, sich nicht mehr wehren, retten kann; er zieht weg. Geradeso wie die menschliche Seele wegzieht im Tode, wenn sie nicht mehr die Ameisensäure haben kann, so zieht die alte Bienenbrut weg, wenn nicht genug verwandelte Ameisensäure – Bienengift – da ist. Und wenn man jetzt den Bienenschwarm anschaut, so ist der zwar sichtbar, aber er schaut just so aus wie die Menschenseele, die den Körper verlassen muss. Es ist ein großartiges Bild, so ein fortschwärmender Bienenschwarm. Wie die Menschenseele den Körper verlässt, so verlässt, wenn die junge Königin herangewachsen ist, die alte Königin mit ihrem Anhang den Bienenstock, und man kann richtig am ausziehenden Schwarm ein Bild von der ausfliegenden Seele des Menschen sehen.

Ach, das ist furchtbar großartig! Nur, die Menschenseele, die hat es nie dazu gebracht, ihre Kräfte bis zu kleinen «Viecherln» auszubilden. In uns ist fortwährend auch die Tendenz dazu; wir wollen lauter kleine «Viecherl» werden. Wir haben eigentlich das in uns, dass wir uns innerlich immer in krabbelnde Bazillen und Bakterien umbilden wollen, in solche kleinen Bienen, aber wir unterdrücken das wieder. Dadurch sind wir ein ganzer Mensch. Aber der Bienenstock ist kein ganzer Mensch. Die Bienen können nicht den Weg in die geistige Welt hinein finden. Wir müssen sie in einem anderen Bienenstock zur Wiederverkörperung bringen. Das ist direkt ein Bild von dem sich wiederverkörpernden Menschen. Und der, der so etwas beobachten kann, der hat einen ungeheuren Respekt vor diesen schwärmenden alten Bienen mit ihrer Königin, die eigentlich sich so benimmt, wie sie sich benimmt, weil sie in die geistige Welt hinein will. Aber sie ist so materiell physisch geworden, dass sie das nicht kann. Und da schmusen sich die Bienen zusammen, werden ein einziger Körper. Sie wollen zusammen. Sie wollen aus der Welt heraus. Sie wissen ja: Während sie sonst fliegen, setzen sie sich nun an einen Baumstamm oder so etwas an, kuscheln sich zusammen, um zu verschwinden, weil sie in die geistige Welt hinein wollen. Und dann werden sie wieder der richtige Bienenstock, wenn wir ihnen helfen, wenn wir sie wieder zurückbringen in den neuen Bienenstock.

Also, man kann schon sagen: Die Insekten lehren uns geradezu das Allerhöchste in der Natur. Daher hat immer der Anblick von den Pflanzen die Menschen, die in alten Zeiten noch Instinkte gehabt haben über das, was ich Ihnen da auseinandergesetzt habe, was der heutigen Wissenschaft ganz verloren gegangen ist, in der richtigen

Weise aufgeklärt. Diese Menschen haben in besonderer Art hingeschaut auf die Pflanzen. Jetzt, in dieser Zeit, werden ja die Menschen an manches erinnert in der neueren Zeit, wenn sie einen Tannenbaum hereintragen und sich einen Christbaum daraus machen. Dann werden die Menschen daran erinnert, wie dasjenige, was in der Natur draußen ist, im Menschenleben herinnen etwas werden kann, was im sozialen Leben wirkt. Es soll ja ein Sinnbild für die Liebe sein, dieser zum Christbaum umgewandelte Tannenbaum. Man glaubt gewöhnlich, der Christbaum sei sehr alt. Aber der Tannenbaum wird erst vielleicht seit hundertfünfzig oder zweihundert Jahren als Christbaum verwendet. Früher gab es diese Sitte nicht. Aber dennoch, zu Weihnachten wurde schon eine Art Gesträuch verwendet. Zum Beispiel bei diesen Weihnachtspielen, die in den Dörfern auch schon im 15., 16. Jahrhundert gemacht wurden, da lief einer, um sie anzukündigen, immer herum und hatte auch eine Art Christbaum in der Hand. Aber das war der sogenannte – in Mitteldeutschland so genannte – Kranewittbaum; das war der Wacholderbaum, der diese wunderbaren Beeren hat. Und in diesem Wacholderbaum sahen die Leute damals ihren Christbaum. Warum? Weil diese Wacholderbeeren, auf die die Vögel so gerne gehen, ihnen zeigten diese geringe Giftwirkung, die da kommt und die durchdringen muss das Irdische, damit das Geistige im Irdischen erstehen kann. Geradeso wie wenn die Ameise an das Holz oder die Holzbiene an die Pfähle geht, so wird jeden Morgen, wenn der Baum da draußen steht und der Vogel heranpickt, überall auch eine, aber eine viel schwächere Säure erzeugt. Das wussten instinktiv die alten Völker und sagten sich: Im Winter, wenn der Wacholderbaum dasteht und die Vögel an seine Beeren herankommen, da wird durch den Wacholderbaum die Erde wieder belebt. – Und das war ihnen ein Bild der Belebung der Erde durch den Christus im moralischen Sinne.

So dass wir schon sagen können: Richtig natürlich betrachtet ist das so, dass man in dem, was in der Natur draußen vorgeht, wirklich Sinnbilder, Bilder von dem sehen kann, was im Menschenleben vorgeht. Die alten Leute sahen, wenn in einem Wacholderbaum die Vögel saßen, diese Vögel mit derselben Liebe, wie man heute die kleinen Gebäckstücke oder die Geschenke am Weihnachtsbaum sieht. So dass der Wacholderbaum für die Leute draußen eine Art Christbaum war, den sie hereintrugen in ihre Stuben. So ist aus dem Wacholderbaum eine Art Christbaum gemacht worden.

Wir müssen nun aber abschließen. Ich wollte aber die heutige Stunde nicht vorübergehen lassen – da Sie ja in dieser Zeit jetzt besonders angestrengt sind –, ohne dass wir über ein ganz wichtiges Thema gesprochen haben und wir es bis zur Betrachtung eines solchen Strauches gebracht haben, der wirklich wie ein Christstrauch angesehen werden kann, der Wacholderstrauch, der dasselbe für die Vögel gibt, was für die Bienen die Pflanzen, für die Ameisen und die Holzbienen das Holz, überhaupt die Insekten das Holz ist. Und am Schlusse möchte ich dies noch dazu benutzen, um Ihnen ein recht frohes, freudiges, innerlich seelenerhebendes Weihnachtsfest zu wünschen.

In diesem Vortrag steht der Ameisensäureprozess im Zentrum. Im vierten Kapitel stand der Kieselsäureprozess zur Diskussion. Der Kleesäureprozess und der Kohlensäureprozess werden ebenfalls erwähnt. Diesen vier Prozessen ist gemeinsam, dass sie als unabdingbar für das Leben gesehen werden, jeder in einem andern Bereich. Steiner betrachtet die Bildung, Umwandlung oder Kristallisation von organischen Säuren auf eine chemisch-physikalische Weise. Die Prozesse werden sowohl im Menschen als auch in Bezug auf die ganze Erde und deren Entwicklung geschildert, gemäß dem

Grundsatz, dass der Mensch ein Abbild des Kosmos darstellt.

Um sich den Beschreibungen anzunähern, welche mit den Säureprozessen vorgelegt werden, muss man den Ansatz anders wählen. Es gilt sich des eigenen Blickwinkels und Weltverständnisses bewusst zu werden und diese Sicht mit dem Anliegen und der Vorgehensweise von Rudolf Steiner zu vergleichen.

Unsere Art zu denken führt uns dazu, dass wir das Leben aus seinem organischen Aufbau heraus verstehen wollen. Die biochemischen Vorgänge bilden das Fundament, auf dem dieses organische Leben aufbaut. Die Lebensprozesse von Mensch und Tier beruhen, wie geschildert, auf dem Abbau von pflanzlichen und tierischen Stoffen. Die Energie für die Funktion des Organismus wird aus dem Abbau von Kohlehydraten gewonnen, Eiweiß wird in seine Grundbausteine zerlegt und bleibt für den Neuaufbau erhalten. Aus diesen beiden komplizierten Prozessabläufen versucht man, das Leben ursächlich zu erklären: Der Aufbau eines intakten Organismus erlaubt es, dass sich irgendwo in seinem Innern auch eine Seele entwickelt, welche die Gefühlswelt beherbergt, die Willenskräfte und den Verstand. Im Kopf befinden sich die Wahrnehmungsorgane, die als Öffnungen zur Welt zu verstehen sind und das nahe liegende Gehirn mit Informationen versorgen. Dieses wiederum hat eine gewisse Lenkungsfunktion. Aber auch die Funktionen des seelischen und geistigen Anteils im Menschen sehen wir in einer Abhängigkeit von der organischen Basis des Körperaufbaus. Wenn wir aus dieser Sichtweise die genannten Prozesse verstehen wollen – Kieselsäureprozess, Ameisensäureprozess, Kohlesäureprozess und nicht zuletzt den Kleesäureprozess –, dann kommen wir nicht weiter.

Rudolf Steiner entwirft ein anderes Menschenbild. Er unterscheidet vier verschiedene Bereiche: den seelischen und den geistigen einerseits, den Lebens- und den physischen Bereich andererseits. Dabei ist uns nur der physische Teil des Menschen unmittelbar zugänglich, die anderen sind geistig-übersinnlich. Während aus der sinnlich-wissenschaftlichen Sicht der physische Körper die Grundlage bildet, geht Rudolf Steiner von den geistig-übersinnlichen Welten aus.

Am schönsten zeigt sich dieser Unterschied an der ungleichen Sicht auf den Tod. Wenn wir primär vom Organischen ausgehen, dann tritt der Tod in dem Moment ein, wo der Körper seine Lebensfunktion und seine Lebenskraft verliert. Eine andere Sicht zeigt uns Rudolf Steiner:

«Wir haben also die Ameisensäure als die Grundlage für Seele und Geist. Und wenn der Mensch alt wird und nicht mehr genügend Ameisensäure entwickeln kann, gehen die Seele und der Geist fort. Die Ameisensäure also, die zieht Seele und Geist heran; sonst geht der Geist fort.»

Dieser Schilderung zufolge kann der Sterbeprozess nicht nur vom Organischen ausgehen, sondern auch vom Seelischen. Das eröffnet nicht nur eine spannende Perspektive im Hinblick auf Leben und Tod, es bildet auch einen Denkansatz, der vom Geistigen ausgeht.

Mit diesem Ansatz nimmt Rudolf Steiner beispielsweise die Ich-Organisation und das Denken als das primär Gegebene und sucht daraus den Prozess zu finden, der dieses Geschehen am besten wiedergibt. Das ist für ihn der Kieselsäureprozess. Dann betrachtet er die seelischen Prozesse und erforscht in einem geistigen Sinne, was deren Grundlagen sind; dabei skizziert er den Ameisensäureprozess und den Kohlesäureprozess. Sie erscheinen somit als das materielle

Gegenbild zum seelischen Geschehen. Zuletzt kommt er zu den Lebenskräften und ordnet diesen den Aufbau der Kleesäure zu. Das Vorgehen ist ein umgekehrtes, anstelle einer ursächlichen Verbindung geht Steiner von der Ich-Organisation, dem Ätherisch-Lebendigen, dem Seelisch-Astralen als einem Gegebenen aus. Die beschriebenen Prozesse sind so als Abbild des Geistigen in den materiellen Vorgängen zu verstehen. Sie können auch als Parallelerscheinungen im Physischen verstanden werden. Denn genauso, wie alles Materielle eine geistige Seite hat, haben die geistigen Prozesse eine materielle Grundlage. Die Schilderung der Prozesse müssen nicht unsere Wirklichkeit exakt abbilden. Sie skizzieren vielmehr Bilder der geistigen Wirklichkeit.

Die Frage bleibt, was diese Bilder für uns bedeuten können. Wollen wir sie an der biochemischen Wirklichkeit unserer Weltsicht messen, oder nehmen wir sie als Analogien? Ihr Wert liegt wohl dazwischen. Sie sollen mit unserem Verständnis der chemischen Prozesse verglichen werden, die Fokussierung liegt aber nicht auf dem Ausgangs- und dem Endprodukt, sondern auf dem Geschehen. Der Wert liegt damit im Bildhaften dieser Prozesse.

Kieselsäureprozess

Der Kieselsäureprozess wurde in Kapitel IV behandelt, hier wird er auf das Bild des Prozesses hin nochmals überprüft. Es wird ein physikalischer Vorgang geschildert, in dem die Kraft laufend danach strebt, aus der flüssigen Kieselsäure die kristalline Sechseckstruktur zu bilden. Bildhaft aufgefasst heißt dies, dass die Kieselsäure im Organismus immer die Tendenz hat zu mineralisieren. Sie will damit dem Leben entweichen und sucht das Leblose, das Mineralische und Kristalline. Dass das Ich mit Wahrnehmung und Denken zu tun und diese Tätigkeiten im Kopf und im Gehirn ihr Zentrum haben, das kann man verstehen oder empfinden. Rudolf Steiner zufolge geht auch der Kieselsäureprozess vom Kopf aus, und er wird von der Ich-Organisation gesteuert, sein Bereich ist das Denken.

Für das Ich, für das Gehirn und für den Intellekt beschreibt Rudolf Steiner den Bezug zu diesem mineralisch Lebelosen folgendermaßen:

MINERALREICH: Da ist wiederum ein Kräftekomplex, der die verschiedenen Formen des Mineralreiches bildet. Das wirkt in unserem Ich. Bei dem Ich, da haben Sie es nun ganz offenbar, denn Sie denken ja nur das Mineralreich. Bis zum Überdruss wird es ja immer gesagt, dass man nur das Tote begreifen kann mit dem Intellekt. Also, das, was im Ich ist, versteht das Tote. So dass in diesem Kräftekomplex, der das Mineralreich formt, unser Ich lebt.

WENN WIR DAS WIRKLICH richtig betrachten, so haben wir im Menschen einen wunderbaren Gegensatz: In seinem Blut trägt er Zellen voller Lebendigkeit in den weißen Blutkörperchen, die immerfort leben wollen, und in seinem Gehirn trägt er Zellen, die eigentlich immerfort sterben wollen, die immer auf dem Weg des Sterbens sind. Das ist auch wahr: Der Mensch ist durch sein Gehirn immer auf dem Wege des Sterbens, das Gehirn ist eigentlich immer in Gefahr zu sterben.

DER NEUERE MENSCH erlebt den Intellekt. Der Intellekt macht uns innerlich kalt, macht uns innerlich tot. Der

Intellekt lähmt uns. Wir leben eigentlich nicht, wenn wir den Intellekt entwickeln. Man muss das nur empfinden, dass man ja eigentlich nicht lebt, wenn man denkt, dass man sein Leben ausgießt in tote Verstandesbilder und dass man ein starkes Leben braucht, um dasjenige, was in der toten Verstandesbildung ist, nun dennoch als schaffendes Leben zu empfinden [...].

Ameisensäureprozess

Der Ameisensäureprozess ist das Hauptthema dieses letzten Kapitels. Rudolf Steiner beschreibt die Entstehung von Ameisensäure im Labor. Aus Kleesäure und Glyzerin wird durch Erwärmung Ameisensäure gewonnen, und Kohlensäure entweicht. Steiner weist auf die materielle Basis hin und lässt diese auch sogleich beiseite, denn es geht ihm um die Lebensprozesse, um den Vorgang und nicht um Ausgangs- oder Endprodukte.

Nun ist der Mensch keine Retorte. Die Retorte zeigt eben auf tote Weise, was im Menschen lebendig und empfindend vorhanden ist. Aber das ist richtig: Würde der Mensch niemals Oxalsäure entwickeln in seinem Verdauungstrakt, so würde er überhaupt nicht leben können, dass heißt, sein Ätherleib hätte gar keine Grundlage in seinem Organismus. Würde der Mensch aber nicht die Oxalsäure in Ameisensäure verwandeln, so hätte sein astralischer Leib keine Grundlage in seinem Organismus. Der Mensch braucht für seinen Ätherleib Oxalsäure, für seinen astralischen Leib Ameisensäure. Und er braucht nicht etwa diese Substanzen, sondern er braucht die Arbeit, die Tätigkeit im Innern, welche darinnen besteht, dass der Oxalsäure-Prozess stattfindet, dass der Ameisensäure-Prozess stattfindet.

Nach heutigem Wissen ist die Ameisensäure eine der einfachsten organischen Substanzen. Sie kommt auf der Erde in geringer Menge in Pflanzen, Tieren und dem Menschen vor, allerdings nie in reiner Form. Sie liegt konzentriert auch in vielen Insektengiften vor.

Kleesäure und Ameisensäure spielen in gebundener Form eine Rolle im Körper. Als Teil eines größeren organischen Komplexes gehören sie zu einem zentralen biochemischen Prozess, der in den vierziger Jahren des 20. Jahrhunderts entdeckt wurde und als Zitronensäurezyklus oder Krebszyklus (nach ihrem Entdecker Hans A. Krebs) bezeichnet wird.

In Rudolf Steiners Schilderungen sind die Oxal- und die Ameisensäure jedoch nicht nur zwei wichtige Substanzen für den Stoffwechsel, sie bilden auch die Grundlage für die Beziehung zwischen Körperlichem und Seelischem im Menschen. So steht die Erzeugung von Oxalsäure für die körperlichen Aufbauprozesse, sie bildet die Grundlage für die Entfaltung der Lebenskräfte. Der Ameisensäureprozess steht für den Abbauprozess, der seinerseits für das seelische Leben steht. Denn die Vorgänge im Seelisch-Geistigen, alles Gedankenleben und die Emotionen, wirken im Körper abbauend. So stehen der Oxal- und der Ameisesäureprozess für das Wechselspiel zwischen Aufbau und Abbau, in einem gewissen Sinn auch für Leben und Tod.

Das Verhältnis von Seelisch-Geistigem und Lebendig-Körperlichem bezeichnet Rudolf Steiner als charakteristisch für das menschliche Leben. Dieses Verhältnis wird im Schlaf-Wach-Rhythmus erlebbar. Im Wachsein verbindet sich die Seele mit dem Körper, und im Schlaf löst sie sich von ihm. Zum Grundprozess des seelischen Lebens gehört die Atmung. Der Körper nimmt Sauerstoff auf, der sich bis in die kleinsten Zellstrukturen ausbreitet. Die Gesamtheit der Stoffwechselvorgänge braucht Sauerstoff, und am Ende dieser Vorgänge werden Kohlensäure und Stickstoff über die Lunge ausgeschieden. Der Zusammenhang von Atmung und seelischer Regung lässt sich in verschiedenen Situationen beobachten. Bei Anspannung und Stress wird die Atmung unbewusst flacher, eine entspannte Situation oder auch die Meditation zeichnet sich dagegen durch eine ruhige, tiefe Atmung aus. Wenn im Schlaf die Seele sich vom Körper löst, dann entsteht eine ganz andere Art von Atmung. Bei der Frage nach dem Sitz der Seele im eigenen Körper drängt sich spontan der Bereich von Atmung, Brustraum und eventuell noch eines Teils des Bauchraums auf. In den Schilderungen des Vortrags wird jedoch auf den Ameisensäureprozess als Grundlage des Seelischen verwiesen, dem auch die Aufgabe zukommt, die Lebenskräfte zu erneuern. Aus sich selber kann der Organismus sein Leben nicht erhalten. Folglich bedarf es einer seelischen Wirksamkeit, die die organischen Prozesse stützt. Als Bild dafür verwendet Rudolf Steiner die Ameisensäure, die «von der Lunge heruntertropft überall in den menschlichen Körper».

Die Ameisensäure bildet den fortlaufenden Impuls zur Erneuerung des Lebens, einen Impuls, der beispielsweise die Zellerneuerung im menschlichen Körper ermöglicht. Sie ist letztlich ein seelischer Anstoß für die Lebenskraft, man kann zusammenfassend sagen, dass dieser Ameisensäureprozess der seelische Beitrag zur Erhaltung der Einheit von Körper und Geist ist.

An anderer Stelle wird der Aspekt des geistigen Suchens noch weiter ausgeführt, indem der Alchemist und sein Erleben beim Experiment geschildert wird:

Alle diese wirklichen Forscher […] fühlen eines tief: Wenn wir experimentieren, dann sprechen die Naturgeister zu uns, die Geister der Erde, die Geister des Wassers, die Geister des Feuers, die Geister der Luft. [...] Man hat eine Retorte vor sich; man vertieft sich [...] als frommer Mann in dasjenige, was da vorgeht. Gerade bei diesem Vorgang, wo man die Metamorphose erlebt der Oxalsäure in die Ameisensäure, gerade da erlebt man, wie [...] einem das Naturgeistige antwortet, so dass man das Naturgeistige dann benützen kann für das innere Wesen des Menschen. Da beginnt zunächst die Retorte durch farbige Erscheinungen zu sprechen. Man fühlt, wie die Naturgeister des Irdischen, die Naturgeister des Wässrigen aus der Oxalsäure aufsteigen, sich geltend machen, wie aber dann das Ganze übergeht in ein summendes Melodiegestalten, Harmonien, die dann wieder in sich zurückkehren. So erlebt man diesen Vorgang, der dann die Ameisensäure und die Kohlensäure ergibt.

Die verschiedenen Bilder aus den Vorträgen sind Beispiele für die Vielseitigkeit des Ameisensäureprozesses. Sie werden im Folgenden zusammengefasst.

Derselbe Prozess wie im Menschen vollzieht sich auch im Erdorganismus. Da sind die Träger des Prozesses die Insekten, wie sie auch die Träger des astralen Lebens des ganzen Erdorganismus sind. Für diese enge Verbindung von ätherischem und astralem Leben stand im vorigen Kapitel das Bild der pflanzlichen und der tierischen Wolke. Das tierische Leben schafft die Grundlage für weiteres pflanzliches Leben und umgekehrt. Am Beispiel der Holzbiene wird ersichtlich, dass die Insekten ihre Kräfte aus dem Abbau ziehen, in diesem Fall dem Abbau des Holzes. Die Holzbiene kann dieses tote holzige Pflanzenmaterial wieder in Leben umwandeln. Dadurch fällt das ehemals Pflanzliche nicht aus dem Lebensprozess heraus.

Der Todesprozess der pflanzlichen Welt tritt mit dem Absterben der Natur im Herbst ein, diesem wird durch die Ameisensäure in der Luft zeitig im Frühjahr ein Weckimpuls entgegengesetzt, so dass der Same im Boden wieder zur Pflanze werden will. Der Ameisensäureprozess steht für die stetige Erneuerung des Lebens; wo er ins Stocken gerät, da tritt der Tod ein.

In ähnlicher Weise sieht Rudolf Steiner den Todesprozess beim Bienenvolk. Wenn nicht mehr genügend Bienengift mit einem hohen Anteil an Ameisensäure erzeugt werden kann, setzt der Todesprozess ein. So, wie Seele und Geist beim Menschen im Tod «fortfliegen», so setzt sich der Schwarm mit seiner alten Königin ab. Dieser Todesprozess ist zugleich die Voraussetzung für neues Leben im Bienenvolk. Bildhaft kann jeder Imker diesen Todesprozess erleben. Die Volkseinheit, die Einheit des Organismus, geht schon mit dem Heranwachsen der neuen Königinnen verloren, das Volk verändert sich. Wenn der Schwarm wegfliegt, dann tritt ein ungeheueres Chaos ein, die Luft ist voll von Bienen. Sobald diese an einem Ast eine Traube bilden, ist das der Beginn eines neuen Volkslebens. Der Schwarm kann mit einem leichten Schlag auf den Ast eingefangen werden, die Bienen fallen widerstandslos und schwer in die bereit gehaltene Kiste. Nach einer Ruhezeit in einem kühlen Keller entfaltet dieser Schwarm dann eine ungeheure Vitalität und vermag in wenigen Wochen viele Waben aufzubauen.

Diese Sichtweise ist faszinierend, und sie hat etwas Anregendes. Der Schwarm vollzieht den Todesprozess mit der nachfolgenden Ruhe in der Schwarmtraube. Die Wiederverkörperung in einem neuen Wabenbau findet nach dem Einlogieren statt. Rudolf Steiner zeigt damit, dass in der gesamten Natur Leben und Tod in einem wechselseitigen Verhältnis stehen müssen. Eine

Volksvermehrung ohne vorausgehenden Schwarmtrieb verletzt dieses Prinzip. Gerade das Sterbenlassenkönnen setzt zukünftige Lebenskräfte frei.

Quellenverzeichnis

Erwähnte und zitierte Bände der Rudolf Steiner Gesamtausgabe (GA), Rudolf Steiner Verlag, Dornach (in Klammern: aktuelle Auflage):

1 *Einleitungen zu Goethes Naturwissenschaftlichen Schriften. Zugleich eine Grundlegung der Geisteswissenschaft (Anthroposophie)* (1987)

2 *Grundlinien einer Erkenntnistheorie der Goetheschen Weltanschauung, mit besonderer Rücksicht auf Schiller* (2003)

3 *Wahrheit und Wissenschaft. Vorspiel einer «Philosophie der Freiheit»* (1980)

13 *Die Geheimwissenschaft im Umriss* (1989)

27 *Grundlegendes für eine Erweiterung der Heilkunst nach geisteswissenschaftlichen Erkenntnissen* (zusammen mit Ita Wegman, 1991)

53 *Ursprung und Ziel des Menschen* (1981)

98 *Natur- und Geistwesen – ihr Wirken in unserer sichtbaren Welt* (1996)

101 *Mythen und Sagen. Okkulte Zeichen und Symbole* (1992)

199 *Geisteswissenschaft als Erkenntnis der Grundimpulse sozialer Gestaltung* (1985)

211 *Das Sonnenmysterium und das Mysterium von Tod und Auferstehung* (2006)

230 *Der Mensch als Zusammenklang des schaffenden, bildenden und gestaltenden Weltenwortes* (1993)

232 *Mysteriengestaltungen* (1998)

233 *Die Weltgeschichte in anthroposophischer Beleuchtung und als Grundlage der Erkenntnis des Menschengeistes* (1991)

314 *Physiologisch-Therapeutisches auf Grundlage der Geisteswissenschaft. Zur Therapie und Hygiene* (1989)

316 *Meditative Betrachtungen und Anleitungen zur Vertiefung der Heilkunst* (2008)

319 *Anthroposophische Menschenerkenntnis und Medizin* (1994)

347 *Die Erkenntnis des Menschenwesens nach Leib, Seele und Geist. Über frühe Erdzustände* (1995)

348 *Über Gesundheit und Krankheit. Grundlagen einer geisteswissenschaftlichen Sinneslehre* (1997)

351 *Mensch und Welt. Das Wirken des Geistes in der Natur. Über das Wesen der Bienen* (1999)

Nachweise und Anmerkungen

Die ersten Wörter eines neuen Textauszugs sind jeweils in Kapitälchen gesetzt, längere Auslassungen in einem zusammenhängenden Text durch eine Leerzeile gekennzeichnet. Folgt ein Auszug aus einem anderen Text, ist er durch doppelte Leerzeile vom vorangehenden getrennt und der Anfang erneut durch Kapitälchen hervorgehoben.

Seite

14 *Begriff, der aus der wissenschaftlichen Sicht von heute versucht:* Vgl. Jürgen Tautz, Helga R. Heilmann: *Phänomen Honigbiene.* Berlin: Spektrum Akademischer Verlag 2007.

15 *Da ist es denn schon wichtig:* Vortrag Dornach, 2. Januar 1924, GA 316, S. 26 f.

16 *Aber wiederum lebt der Bienenstock:* Vortrag Dornach, 3. Februar 1923, GA 348, S. 316–318.

23 *Die Sache ist diese:* Nachbemerkung zum Bienenvortrag von Herrn Müller, Dornach, 10. November 1923, GA 351, S. 131 f.

24 *Ich habe vorgehabt, zu den Ausführungen:* Vortrag Dornach, 26. November 1923, GA 351, S. 133–148. || [24] *was in den Pflanzen eigentlich schon als der Honig enthalten ist:* Gemeint ist hier der Nektar.

45 *Nun, mit alledem hängt es aber:* Ebd., S. 146.

46 *Im Sinne der Biologisch-Dynamischen Wirtschaftsweise:* http://demeter.de/index.php?id=1521&MP=13-1491&no_cache=1&file=20&uid=343.

49 *«Sehen die Bienen für uns unsichtbare Farben?»:* Artikel von Prof. Dr. Buttel-Reepen, Oldenburg, in: *Schweizerische Bienen-Zeitung N. F.*, Nr. 2, Februar 1923, S. 85–87, und Nr. 3, März 1923, S. 134–136.

Nun, wollen wir darüber ein paar Worte sagen: Vortrag Dornach, 28. November 1923, GA 351, S. 149–160. || [49] *Diese Experimente, die Forel und die Kühn und Pohl gemacht haben:* Im erwähnten Artikel in der *Schweizerischen Bienen-Zeitung* von Buttel-Reepen werden Versuche des Schweizer Psychiaters und Entomologen *Auguste Forel* (1848–1931) mit Ameisen referiert, die er unter anderem in seinem Werk *Das Sinnesleben der Insekten* (München 1910) darstellt: Die Insekten trugen freigelegte Puppen in einem völlig dunklen Zimmer nur dann ins Nestinnere, wenn diese ultravioletten Strahlen ausgesetzt wurden. Auf Grund von Versuchen mit Ameisen, deren Augen er mit schwarzem Lack bestrich, nahm er an, dass sie die Ultraviolett sahen (ebd., S. 136). Dressur-Experimente des Zoologen *Alfred Kühn* (1885–1968) und des Physikers Robert Wichard Pohl (1884–1976) im Anschluss an Versuche des Zoologen *Karl von Frisch* (1886–1982) sind nach Ansicht von Buttel-Reepen «so beweisend für das Farbensehen der Bienen (wenn auch in beschränktem Umfange), dass an diesem Vermögen hinfort nicht mehr gezweifelt werden kann.» (Ebd., S. 135) | [54] *Nun habe ich Ihnen gesagt, dass der Mensch … immer etwas Blausäure entwickelt:* Vortrag Dornach, 10. Oktober 1923, GA 351, S. 36 f. | [60] *Sparherd:* Kochherd, in dessen Löcher oben Töpfe und Kessel eingesetzt werden konnten und bei dem sich das Brennmaterial wesentlich besser ausnutzen ließ. Er enthielt meist auch Backofen, Wasserkasten und Wärmeschrank. | [62] *Waldtracht:* Honigtau, der von Pflanzen des Waldes gesammelt und zu Waldhonig verarbeitet wird.

64 *Tautz zufolge:* Siehe Anm. zu S. 14.

65 *Die Untersuchungen von Professor Karl von Frisch:* Siehe unter anderem: «Der Farben- und Formensinn der Bienen». In: *Zoologische Jahrbücher (Physiologie)* 35, 1–188, (1914–15); *Aus dem Leben der Bienen*, Berlin 1927 (10. Aufl. 1993).

67 *Wir haben gesehen, dass sich in unserem Wissen:* GA 3, S. 90.

68 *Das Denken hat den Ideen gegenüber:* GA 1, S. 126.

70 *Man glaubt geradezu den Charakter:* GA 2, S. 101.

71 *Die gewöhnliche Erfahrung:* Ebd., S. 95.

Die Wissenschaft der modernen Zeit: Vortrag Berlin, 11. Mai 1905, GA 53, S. 435.

73 *Aber in alledem, was da bei den Bienen:* Vortrag Dornach, 26. November 1923, GA 351, S. 148.

75 *Herr Müller hat mir noch eine Nummer:* Vortrag Dornach, 1. Dezember 1923, GA 351, S. 161–174. || [75] *Artikel …, der über die Erfahrungen mit Honigkuren handelt:* Dr. Paula Emrich, Weesen: «Unsere weiteren Erfahrungen mit Honigkuren im Kinderheim Frauenfelder, Amden», in: *Schweizerische Bienen-Zeitung N. F.*, Nr. 3, März 1923, S. 136–142. | [75] *So hatte sie zum Beispiel zwei Kinder:* Alle Beispiele ebd., S. 141 f. | [77] *Ein Schüler … des berühmten Physiologieprofessors Bunge:* Ebd., S. 139. Gustav von Bunge (1844–1920), deutsch-baltischer Physiologe und ab 1885 Professor an der Universität Basel. Hauptwerke: *Lehrbuch der physiologischen und pathologischen Chemie* (1887), *Lehrbuch der Physiologie des Menschen* (1901). | [78] *Und diesen Stoff nennen nun die Leute Vitamin:* Der polnisch-amerikanische Biochemiker Casimir Funk (1884–1967) prägte 1912 die Bezeichnung Vitamin aus lat. *vita,* Leben, und Amine (organische Basen, Derivate des Ammoniaks). | [78] *Die Armut kommt von der Pauvreté:* Konnte bei Heinrich Heine (1797–1856) nicht nachgewiesen werden. In Kapitel 38 von *Ut Mine Stromtid,* dem dritten Roman von Fritz Reuters (1810–1874) autobiografischer Trilogie *Olle Kamellen,* schließt Inspektor Zacharias Bräsig seine Rede im Rahnstädter Reformverein mit folgenden Worten ab: «*Mitbürger, ich will's Euch sagen, denn ich wohn' hier schon lange genug in der Stadt und regardir' die Menschheit: die große Armuth in der Stadt kommt von der großen Powerteh her!*» Kap. 38, Wismar, Rostock und Ludwigslust, Verlag der Hinstorff'schen Hofbuchhandlung, 1865; S. 134. | [80] *Es wäre sehr wünschenswert, wenn die Ergebnisse:* Paula Emrich, a. a. O. (siehe Anm. zu

S. 75), S. 142. – *Vorläufig stellen unsere Mitteilungen:* Ebd. – *Es drängt mich, auch einmal vom ärztlichen Standpunkte:* Ebd., S. 136. | [87] *Die Artikelschreiberin schildert ja das auch:* Ebd., S. 138.

91 *Die Biene holt nämlich aus der Blume:* Vortrag Dornach, 30. Dezember 1923, GA 233, S. 127.

92 *Jürgen Tautz zufolge:* Siehe Anm. zu S. 14.

Was da überhaupt wirkt in dem Bienenstock: Vortrag Dornach, 2. Januar 1924, GA 314, S. 210.

93 *Die Kieselsäure trägt ihre Wirkungen:* GA 27, S. 76.

95 *Diese Kieselsäure stellt einen unendlich wichtigen:* Vortrag London, 28. August 1924, GA 319, S. 217 f.

97 *Schriftliche Frage: In altbäuerischen Imkerkreisen:* Vortrag Dornach, 1. Dezember 1923, GA 351, S. 174–180. || [98] *die Elberfelder rechnenden Pferde ... Pferd des Herrn von Osten:* Der Sohn eines Rittergutsbesitzers und spätere Lehrer Wilhelm von Osten (1838–1909) trainierte sein als kluger Hans bekannt gewordenes Pferd angeblich zum Rechnen und Zählen. Der Elberfelder Juwelier Karl Krall (1863–1929) führte nach von Ostens Tod die Experimente mit diesem und weiteren Tieren weiter und veröffentlichte 1912 das Buch *Denkende Tiere*. Siehe auch das Buch des deutschen Psychologen Oskar Pfungst (1874–1933): *Der Kluge Hans: Ein Beitrag zur nichtverbalen Kommunikation*. Frankfurt am Main 1983 (Neuauflage des Originals von 1907: *Das Pferd des Herrn von Osten ‹Der kluge Hans›: Ein Beitrag zur experimentellen Tier- und Menschen-Psychologie*). | [99] *Das hat auch der Privatdozent Pfungst:* Siehe vorangehende Anm.

104 *Herr Erbsmehl macht geltend:* Vortrag Dornach, 5. Dezember 1923, GA 351, S. 181–195. || [104] *Der Honig ist zu einem großen Teil:* Fr. Leuenberger: «Honigreklame», in: *Schweizerische Bienen-Zeitung N. F.*, Nr. 10, Oktober 1923; S. 471 f. (Zitat S. 472). | [104] *später in der gleichen Nummer ein Beispiel:* Rubrik «Rundschau», Fr. Leuenberger: «Eine süße Medizin» ebd.; S. 474. Es handelt sich um eine aus dem den *Bulletin de l'apiculture des Alpes maritimes* entnommenen Bericht des «bekannten Bienenzüchter[s] Ph. J.

Baldensberger». | [105] *dass das Mondlicht einen gewissen Einfluss:* «Eine englische Chemikerin Miss Elisabeth Sedney Semmers hat kürzlich festgestellt, dass die Stärke in den Pflanzenzellen durch die Einwirkung des Mondlichtes in Zucker umgewandelt wird. Dieselbe stellt auch fest, dass im Mondenschein der Samen rascher keimt. Bekanntlich wird aller Zucker in den Pflanzen durch Umwandlung von Stärke erzeugt. [...]» Rubrik «Rundschau», «Mondlicht und Honigproduktion», in: *Schweizerische Bienen-Zeitung N. F.*, Nr. 11, November 1923; S. 532. | [105] *Tannenhonig:* Honig aus dem Honigtau der Weißtanne (Abies alba) mit hohem Fruchtzuckeranteil und einem hohen Aschegehalt, welcher für die Bienen über Winter zu einer Darmbelastung werden kann. | [111] *Versuche gemacht mit einem Mittel gegen die Maul- und Klauenseuche:* Im Juli 1920 forschte der Arzt und Lehrer Eugen Kolisko (1883–1939) zusammen mit Rudolf Steiner an einem Heilmittel gegen die damals grassierende Maul- und Klauenseuche. Die dafür notwendigen Laborarbeiten, um die richtige Dosierung des Mittels herauszufinden, wurden der Naturwissenschaftlerin Lili Kolisko (1889–1976) übertragen, die darüber auch publizierte: *Milzfunktion und Plättchenfrage,* Stuttgart 1922. Vgl. auch Joseph Werr: *Tierzucht und Tiermedizin im Rahmen biologisch-dynamischer Landwirtschaft*, Stuttgart 1953. | [121] *Sie werden noch in dem alten Bau gesehen haben*: Gemeint ist das erste Goetheanum. | [123] *Was noch zu sagen ist, werden wir am nächsten Samstag ... verhandeln:* Der angesagte Vortrag konnte erst am Montag, 10. Dezember 1923, gehalten werden.

129 *Herr Dollinger möchte fragen:* Vortrag Dornach, 10. Dezember 1923, GA 351, S. 196–203. || [135] *Gemeine Hausbiene ... Italienische Biene ...Krainer Biene:* Von der europäischen Honig- oder Gemeinen Hausbiene (Apis mellifera) bildeten sich zahlreiche Rassen heraus, darunter die auf der Apenninenhalbinsel beheimatete Italienerbiene (Apis mellifera ligustica), die durch auffallend gelbe Hinterleibsringe gekennzeichnet ist, und die Krainer oder Carnica Biene (Apis mellifera carnica), die aus der Krain, der Gegend um Ljubl-

jana, stammt. | [136] *weil ich einen guten Freund hatte, der Landwirt war, und der auch eine landwirtschaftliche Zeitung herausgab:* Höchstwahrscheinlich handelt es sich hier um den Landwirt Hugo Hitschmann (1838–1904), den Begründer des modernen land- und forstwirtschaftlichen Zeitungswesens in Österreich.

139 *Hans Wille:* Siehe meinen Nachruf auf: http://www.summ-summ.ch/bibl/pub/h_wille.html.

141 *Ich sage, das ist etwas ganz Wunderbares:* Vortrag Dornach, 10. Dezember 1923, GA 351, S. 203–212. || [142] *Es gibt Wespen, die haben die Eigentümlichkeit:* Die Gallwespen (Cynipidae). | [143] *Chorion:* Äußere Umhüllung des Embryos von Mensch und Säugetier, durch die der Stoffaustausch zwischen Mutter und Kind geschieht. | [144] *Es gibt auch Gallbildungen, die nicht wie Äpfel ausschauen:* Die Rosengallwespe, Rhodites (Diplolepis) rosae, erzeugen Gallen mit haarartigen Auswüchsen, die regional unterschiedliche Namen wie Rosenkönige, Rosenschwämme, Schlafäpfel usw. tragen. | [144] *spielt die Feigenzucht eine große Rolle:* Rudolf Steiner bezieht sich offensichtlich auf *Brehms Illustriertes Tierleben,* für Volk und Schule bearbeitet von Friedrich Schödler, 3. Band, Leipzig 1875, Seite 511 (der betreffende Band befindet sich in seiner Bibliothek): «Es ist bekannt, dass schon die Alten sich eine Gallwespe, die Cynips Psenes Linnés (heute: Blastophaga psenes), zunutze machten, um saftigere und wohlschmeckendere Feigen zu erlangen, und noch heutigentags verwendet man in Griechenland große Sorgfalt darauf, die ‹Kaprifikation› der Feigen an den veredelten Bäumen durch dieses Tier zu bewirken. Es lebt in den wilden Feigen und ist zu der Zeit, wo diese noch unreif sind, Ende Juni, vollkommen entwickelt, würde auch noch darin bleiben, wenn man es nicht störte. So aber pflückt man diese Feigen, verbindet je zwei durch einen langen Binsenhalm miteinander und wirft sie auf die Zweige der edlen Feigenbäume, sie möglichst gleichmäßig zwischen deren Früchten verteilend; das Austrocknen und Zusammenschrumpfen der wilden Feigen veranlasst die Insekten, diese zu verlassen, herauszukommen, eine

(abnorme) zweite Generation zu bilden und die veredelten Feigen für ihre Brut als Wohnung zu wählen. Ehe diese zur Entwicklung gelangt, werden die Feigen geerntet, sie geht daher zugrunde, nachdem sie durch ihre Anwesenheit den Saftreichtum der Frucht vermehrt hat.»

153 *Nun gehen wir zurück auf den ersten Saturnzustand:* Vortrag Stuttgart, 14. September 1907, GA 101, S. 167 f.

155 *Es wird gefragt, was für eine Verwandtschaft:* Vortrag Dornach, 12. Dezember 1923, GA 351, S. 213–227. || [155] *die Sonne braucht ungefähr so viel Zeit, um sich einmal um sich selber herumzudrehen, wie eine Drohne braucht, um sich zu entwickeln:* Diese Stelle steht im Widerspruch zu Steiners früherer Aussage (siehe S. 27 f.), wonach die Entwicklung der *Arbeitsbiene* einer Sonnenumdrehung, die dort mit 21 Tage angegeben wird, entspricht. | [160] *das alte sogenannte Tartarusmittel:* Die Bezeichnung Tartarus, heute vor allem für gichtisch-rheumatische Neigung verwendet, führt auf Paracelsus zurück, der darunter Stoffwechselkrankheiten allgemein verstand. Bereits im Altertum wurde Bienengift zur Therapie von Rheuma und Arthritis verwendet. | [161] *solch ein Heilmittel haben wir sogar:* Apis Mellifica. | [162] *sengerig:* Umgangssprachlich für «angebrannt», im übertragenen Sinn: «brenzlig». | [167] *eine Gans nudeln:* (Mit Nudeln) stopfen, mästen.

175 *Nun ist es so, dass diese Ich-Organisation:* Vortrag Dornach, 12. Dezember 1923, GA 351, S. 215 f.

179 *Ich werde heute noch in der Betrachtung fortfahren:* Vortrag Dornach, 15. Dezember 1923, ebd. S. 228–244. || [181] *Es gibt sogar eine Ameisenart:* «Die ackerbautreibende Ameise (Myrmica molificans Darw.) in Texas schützt ihren Bau durch einen bis 50 cm hohen Ringwall, reinigt und ebnet das den Wall umgebende Land bis auf 1 m Entfernung und lässt hier keine Pflanze aufkommen als ein Gras, Aristida oligantha, pflegt dasselbe mit steter Sorgfalt und erntet die reifen Körner, welche in einem Teil des Baues von den Spelzen gereinigt und dann fortgepackt werden.» (*Meyers Konversationslexikon*, Leipzig und Wien, Vierte Auflage, 1885–1892, Bd. 1,

S. 453). | [183] *So hat sie Darwin genannt:* Vgl. *Brehms Thierleben. Allgemeine Kunde des Thierreichs* (Neunter Band, Vierte Abtheilung: Wirbellose Thiere, Erster Band: Die Insekten, Tausendfüßler und Spinnen, Leipzig, ^{2}1884, S. 266): «Die ackerbautreibende Ameise (Myrmica molificans) ist Gegenstand eines Berichtes geworden, welchen Darwin an die *Linnean Society* in London auf Grund der in Texas von Linsecom angestellten Beobachtungen abgestattet hat.» Im Weiteren wird dort aus diesem Bericht über das Vorgehen dieser Ameisen zitiert. | [184] *Wespen von besonderer Art:* Schlupfwespen (Ichneumonidae). | [184] *Ich habe Ihnen schon einmal davon erzählt:* Vortrag Dornach, 5. Januar 1923, in GA 348. | [187] *in meinem Buch* Die Geheimwissenschaft im Umriss: GA 13. | [192] *Da erzählt der Brehm eine niedliche Szene: Brehms Thierleben,* ebd., S. 249: «Die Frechheit, zügellose Wildheit der Wespen kennt ein jeder zur Genüge, auch wenn er nicht, wie es mir einst in meiner Kindheit widerfuhr, von einem ganzen Schwarme überfallen und unbarmherzig zerstochen worden ist, weil er harmlos und völlig unkundig des Nestes den Fußpfad wandelte, neben welchem dessen Eingang lag. Vor einigen Jahren machten ein Hirtenhund und seine Gesellschaft eine gleiche Erfahrung. Auf einem Gute weideten Kühe. Die betreffende Stelle war von zahlreichen Maulwurfshügeln durchsetzt. Auf einem dieser sitzt der Hund, ein treuer Wächter seiner Herde. Mit einem Male vollführt derselbe ein entsetzliches Geheul und stürzt sich verzweiflungsvoll in das nahe vorbeifließende Wasser. Der Kuhhirt, zunächst nicht ahnend, was geschehen, eilt seinem treuen Tiere zu Hülfe, lockt es herbei und findet es mit Wespen gespickt. Noch damit beschäftigt, die durch das Wasserbad etwas abgekühlten Bestien von ihm zu entfernen, bemerkt er im Eifer nicht, dass auch er auf einem Vulkane steht. Die gereizten Tiere kriechen an seinen Beinen, innerhalb deren Bekleidung, in die Höhe, und auch er muss schließlich im Wasser einige Linderung für die ihm beigebrachten Stiche suchen. Immer größer wird die Verwirrung. Jene Maulwurfshügel sind von zahlreichen Schwärmen bewohnt, welche man bisher nicht beachtet hatte. Auch die weidenden Kühe waren einigen in den Weg gekommen, und auch sie wurden von den in wilde Aufregung versetzten Wespen angegriffen. Das Brüllen aller und sich in das Wasser stürzen war die Folge, und der Kampf ein allgemeiner. Es kostete große Mühe und die Mitwirkung vieler Kräfte, um allmählich die Ordnung wieder herzustellen. Versuche, jene Nester zu zerstören und die Stelle für das weidende Vieh zugänglich zu machen, blieben erfolglos. Die Wespen waren in jenem Jahre zu zahlreich und blieben Herren der Lage und der Örtlichkeit.»

199 *Und da ist es sehr schwer zu sagen:* Vortrag Dornach, 15. Dezember 1923, GA 351, S. 229.

Hans Wille hat diese Verhaltensvielfalt ... interpretiert: Hans Wille: «Überlebensstrategie des Bienenvolkes». *Bienenwelt,* Vol 27, 1985, S. 169–182

200 *Sie sehen: Diese Bienen, Wespen:* Ebd., S. 240 f.

201 *So dass einmal unsere Erde:* Ebd., S. 237.

202 *Sie sehen also, wir können zwei Sätze:* Vortrag Dornach, 26. Oktober 1923, GA 230, S. 73.

203 *Man redet heute viel von Naturkräften:* Vortrag, Köln, 7. Juni 1908, GA 98, S. 88–90.

207 *Eigentlich müssen wir noch etwas über die Frage:* Vortrag Dornach, 22. Dezember 1923, GA 351, S. 245–261. || [208] *Jean-Henri Fabre:* 1823–1915, französischer Insektenforscher. Sein umfangreiches Werk *Souvenirs Entomologiques* (Entomologische Erinnerungen) erschien in zehn Bänden in Paris von 1879 bis 1907. Bei Matthes & Seitz, Berlin, hat man 2010 begonnen, das Werk ungekürzt auf Deutsch herauszubringen. | [208] *diese Bienenart, die man gewöhnlich die Holzbiene nennt:* Xylocopa violacea oder Xylocopa valga. Vgl. *Brehms Thierleben,* ebd., S. 226 f.: «Mit kräftigem Gesumme fliegt das seinem Brutgeschäfte obliegende Weibchen an Latten, Bretterwänden, Pfosten umher, lässt sich von der Sonne bescheinen und summt wieder davon. Diese Bewegungen dürften vor allem der Auswahl eines geeigneten Ortes gelten, wohin es seine Nachkommenschaft bette, da das kurze Leben nicht ihm, sondern dieser angehört.

Altes Holz, eine morsche Pfoste, ein mürber Baumstamm, dem fetzenweise die Borke schon fehlt, eignet sich dazu am besten und ermöglicht die schwere Arbeit. Mit Eifer nagt die Biene ein Loch von dem Umfange ihres Körpers, dringt einige Millimeter in das Innere ein und wendet sich nun nach unten. Hierzu bedarf sie eines Meißels (jede Kinnbackenhälfte dient ihr dazu) und einer Zange, als solche wirken beide in Gemeinschaft. Die Späne werden herausgeschafft, und tiefer und tiefer dringt die Arbeit vor, bis eine gleichmäßige Röhre entsteht, welche einunddreißig Zentimeter lang sein kann und sich am Ende wieder etwas nach außen biegt. Die sorgsame Mutter gönnt sich nur so viel Ruhe bei dieser Beschäftigung, als zu einem und dem anderen Ausfluge nach Blumen nötig ist, wo sie durch Aufnahme von Honig neue Kräfte sammelt. In den unteren Teil wird nun Honig mit Blütenstaub vermischt in einer ganz bestimmten Menge eingetragen, ein Ei darauf gelegt und etwa in der Höhe, welche der Dicke des Rohrs gleichkommt, ein Deckel aus konzentrischen Ringen von gekneteten Sägespänen aufgesetzt. Die erste Zelle ist geschlossen und damit der Boden für die zweite, höher liegende, gewonnen. Diese bekommt eine gleiche Futtermenge und wieder ein Ei. In solcher Weise geht es fort ohne Unterbrechung, wenn nicht unfreundliches Wetter dieselbe gebietet, bis der Raum mit einer Zellensäule erfüllt ist. […] Nach wenigen Tagen schlüpft die junge Made aus […]. Sie liegt gekrümmt und füllt, wenn sie nach ungefähr drei Wochen erwachsen ist, die Höhlung der Zelle ziemlich aus, in welcher man schwarze Körnchen, ihre Auswürfe, neben ihr finden kann. Jetzt spinnt sie ein Gehäuse und verpuppt sich. Da die unterste die älteste ist, muss sie natürlich auch zuerst zur Entwicklung gelangen, die zweite zunächst, die oberste zuletzt. Wird sie nun wohl so lange warten, bis die letzte ihrer Schwestern bereit ist, den Weg aus dem Kerker zu bahnen? Von der zweiten Brut – ja, denn da verhindert sie der Winter am Hervorkommen; von der ersten, die während des August vollendet ist, aber nicht. Es wurde ihr der kürzeste Weg gezeigt, auf dem sie sich aus dem Kerker befreien kann. Sie steht auf dem Kopfe, braucht also nur etwas beweglich zu werden und nach vorn zu drängen, so wird sie finden, dass der Raum sich nachgiebig zeigt. Sie gelangt so an das Ende der Biegung, welches mit Spänen lose gefüllt ist; indem sie ihre Zangen instinktmäßig kennt, prüft sie dieselben zum ersten Mal und nagt die dünne Schicht zwischen sich und der warmen Sommerluft durch. [...] Die zweite, welche auskriecht, folgt der ersten nach, bis endlich die ganze Gesellschaft ausgeflogen ist und das Nest leer steht.» | [225] *Kranewittbaum:* Krammetsbaum, von althochdeutsch «kranawitu» für Wacholder; «witu» bedeutet Holz, Baum, die Bedeutung von «krana» ist nicht geklärt (von «chrano», Kranich, oder «granum», Kern?).

228 *Wir haben also die Ameisensäure:* Vortrag Dornach, 22. Dezember 1923, GA 351, S. 257.

230 *Mineralreich: da ist wiederum ein Kräftekomplex:* Vortrag Dornach, 3. September 1920, GA 199, S. 202.

Wenn wir das wirklich richtig betrachten: Vortrag Dornach, 5. August 1922, GA 347, S. 34.

Der neuere Mensch erlebt den Intellekt: Vortrag Dornach, 2. April 1922, GA 211, S. 121.

231 *Nun ist der Mensch keine Retorte:* Vortrag Dornach, 22. Dezember 1923, GA 232, S. 195.

234 *Alle diese wirklichen Forscher:* Ebd., S. 200.